机械设计制造及其自动化专业本科系列规划教材

数控加工技术

（第二版）

主　编　何高法
副主编　侯红玲　余永维
主　审　唐一科

U0240393

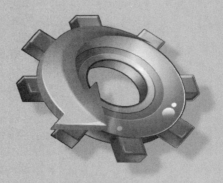

重庆大学出版社

内 容 提 要

本书是机械设计制造及其自动化专业本科系列规划教材之一。全书共 8 章,主要内容包括数控加工技术概论、数控机床及工装设备、数控加工工艺设计、数控加工程序编制基础、数控车床编程与加工、数控铣床编程与加工、数控加工中心编程与加工及计算机辅助数控加工技术简介。为便于自学和自测,本书每个章节后均附有习题供学习后练习。

本书可作为高等院校本、专科机械类相关专业"数控加工技术"课程教材,也可供从事数控加工技术与维修的相关工程技术人员参考。

图书在版编目(CIP)数据

数控加工技术/何高法主编.--2 版.--重庆:重庆大学出版社,2019.7
机械设计制造及其自动化专业本科系列规划教材
ISBN 978-7-5624-7399-2

Ⅰ.①数… Ⅱ.①何… Ⅲ.①数控机床—加工—高等学校—教材 Ⅳ.①TG659

中国版本图书馆 CIP 数据核字(2019)第 140142 号

数控加工技术

(第二版)

主 编 何高法
副主编 侯红玲 余永维
主 审 唐一科
策划编辑:曾显跃

责任编辑:李定群 高鸿宽 版式设计:曾显跃
责任校对:刘 真 责任印制:张 策

*

重庆大学出版社出版发行
出版人:饶帮华
社址:重庆市沙坪坝区大学城西路 21 号
邮编:401331
电话:(023) 88617190 88617185(中小学)
传真:(023) 88617186 88617166
网址:http://www.cqup.com.cn
邮箱:fxk@ cqup.com.cn(营销中心)
全国新华书店经销
重庆华林天美印务有限公司印刷

*

开本:787mm×1092mm 1/16 印张:14.75 字数:368 千
2019 年 7 月第 2 版 2019 年 7 月第 3 次印刷
印数:4 001—5 000
ISBN 978-7-5624-7399-2 定价:39.80 元

前 言

　　随着先进制造技术的发展,数控加工技术已成为机械制造业技术的核心内容之一,它的广泛应用和发展正在改变着机械制造业的面貌,因此,加速培养掌握数控加工技术的应用型人才已成为当务之急。本书是由重庆大学出版社联合西部地区众多一般院校编写的"机械设计制造及其自动化专业本科系列教材"之一。编写大纲是由各高校讨论后确定的,充分吸收了各高校对该课程的各种教学改革和实践成果。本教材可作为高等院校本、专科机械类的相关专业教材,也可供从事数控加工技术与维修的相关工程技术人员参考。

　　本书编写过程中力求取材新颖、实用,同时注重内容的实用性和系统性。围绕数控加工技术的能力培养,尽可能全面地介绍数控加工技术各方面的内容。在叙述上力求层次分明,内容简洁。本书既有理论又有实例,以便于讲授与自学,并且每章后均附有习题供学习后思考提高。

　　全书共8章,主要内容包括数控加工技术概论、数控机床及工装设备、数控加工工艺设计、数控加工程序编制基础、数控车床编程与加工、数控铣床编程与加工、数控加工中心编程与加工及计算机辅助数控加工技术简介。

　　本书由重庆科技学院何高法担任主编,重庆理工大学余永维和陕西理工学院侯红玲担任副主编。其中,第1章由何高法和侯红玲编写,第2章和第3章由何高法编写,第4章由重庆科技学院吴睿编写,第5章由重庆科技学院孟杰编写,第6章由侯红玲编写,第7章和第8章由余永维编写。

全书由重庆大学唐一科教授主审。唐一科教授对全书进行了认真的审阅,并提出了许多宝贵的意见,在此表示衷心的感谢!

另外,本书在编写过程中参考和借鉴了诸多同行的相关资料和文献,对他们表示诚挚的谢意!

由于编者的水平所限,书中难免有欠妥之处,恳请广大读者批评指正。

编　者

2019 年 3 月

目录

第 **1** 章
概 论

1.1 数控加工技术概述

1.1.1 数控加工技术的概念

数字控制(Numerical Control,NC)简称数控,在机床领域是指用数字化信号对机床运动及其加工过程进行控制的一种自动化技术。它所控制的一般是位置、角度、速度等机械量,但也有温度、流量、压力等物理量。而计算机数控(Computerized Numerical Control,CNC)是用一个存储程序的专用计算机由控制程序来实现部分或全部基本控制功能,并通过接口与各种输入输出设备建立联系。更换不同的控制程序,可实现不同的控制功能。

数控机床是数字控制设备的典型代表,它是一种灵活、通用、能够适应产品频繁变化的柔性自动化机床。简单来说,数控加工技术就是利用数字化控制系统和计算机辅助技术,在机床设备上完成整个零件的加工制造。它不仅仅是对数控机床的操作,还包括了加工零件的工艺处理、数控编程等前期工作以及零件质量控制等后期工作。

1.1.2 数控加工技术的特点及工程优势

总体来说,与传统的机械加工手段相比较,数控加工技术具有以下 6 个方面的优势:

(1)对加工对象的适应性强

多采用通用工装,只要改变数控程序,便可实现对新零件的加工。数控机床上加工不同工件时,只需重新编制加工程序,就能实现不同的加工。同时,数控机床加工工件时,只需简单的夹具,不需成批的工装,更不需要反复调整机床,因此,特别适合单件、小批量及试制新产品的工件加工。对于普通机床很难加工的精密复杂零件,数控机床也能实现自动化加工。

(2)加工精度高

机床零部件的机械制造精度高、伺服反馈、工序集中、人为干涉少等,这些都是数控机床加工精度高的主要原因。数控机床的传动系统与机床结构都具有很高的刚度和热稳定性,制造精度高,进给传动链的反向间隙与丝杠螺距误差等均可由数控装置进行补偿;数控机床的自动加工方式避免了人为的干扰因素,因此,数控机床能达到很高的加工精度。

(3)生产效率高

减少了装夹与对刀时间。工件加工所需时间包括机动时间和辅助时间,数控机床能有效地减少这两部分时间。数控机床的主轴转速和进给量的调整范围都比普通机床设备的范围大,因此,数控机床每一道工序都可选用最有利的切削用量;从快速移动到停止采用了加速、减速措施,既提高运动速度,又保证定位精度,有效地降低机动时间。数控设备更换工件时不需要调整机床,同一批工件加工质量稳定,无须停机检验,辅助时间大大缩短。特别是使用自动换刀装置的数控加工中心,可在同一台机床上实现多道工序连续加工,生产效率的提高更加明显。

(4)操作者劳动强度低

数控机床的操作由体力型转为智力型。它是按照预先编制好的加工程序自动连续完成的。操作者除输入加工程序或操作键盘、装卸工件、关键工序的中间测量及观察设备的运行之外,不需要进行烦琐、重复手工的操作,这使工人的劳动条件大为改善。

(5)经济效益好

相对普通机床,数控机床的效率一般能提高 2~3 倍,甚至十几倍。虽然数控设备的价格昂贵,分摊到每个工件上的设备费用较大,但是使用数控设备会节省许多其他费用。特别是不需要设计制造专用工装夹具,加工精度稳定,废品率低,减少调度环节等,因此整体成本下降,可获得良好的经济效益。

(6)有利于生产管理

程序化控制加工、更换品种方便,另外,一机多工序加工,简化了生产过程的管理,减少管理人员;还可实现无人化生产。

采用数控机床能准确地计算产品单个工时,合理安排生产。数控机床使用数字信息与标准代码处理、控制加工,为实现生产过程自动化创造了条件,并有效地简化了检验、工夹具和半成品之间的信息传递。

1.1.3 数控加工技术的产生和发展

(1)数控技术发展

随着科学技术的发展,机械产品结构越来越合理,其性能、精度和效率日趋提高,更新换代频繁,生产类型由大批大量生产向多品种小批量生产转化。因此,对机械产品的加工相应地提出了高精度、高柔性与高度自动化的要求。数字控制机床就是为了解决单件、小批量,特别是复杂型面零件加工的自动化,并保证质量要求而产生的。数控加工技术就是随着数控机床的发展而发展起来的。

数控机床的发展先后经历了电子管(1952 年)、晶体管(1959 年)、小规模集成电路(1965 年)、大规模集成电路及小型计算机(1970 年)及微处理机或微型计算机(1974 年)共 5 代数控系统。第一台数控机床是 1952 年美国 PARSONS 公司与麻省理工学院(MIT)合作研制的三坐标数控铣床,它综合应用了电子计算机、自动控制、伺服驱动、精密检测与新型机械结构等多方面的技术成果,可用于加工复杂曲面零件。1965 年,出现了第三代的集成电路数控装置,不仅体积小,功率消耗少,且可靠性提高,价格进一步下降,促进了数控机床品种和产量的发展。20 世纪 60 年代末,先后出现了由一台计算机直接控制多台机床的直接数控系统(简称 DNC),又称群控系统;采用小型计算机控制的计算机数控系统(简称 CNC),使数控装置进入了以小型计算机化为特征的第四代。1974 年,研制成功使用微处理器和半导体存储器的微型计算机数控装置(简称 MNC),这是第五代数控系统。20 世纪 80 年代初,随着计算机软、硬件技术的发展,出现了能进行人机对话式自动编制程序的数控装置;数控装置越趋小型化,可直接安装在机床上;数控机床的自动化程度进一步提高,具有自动监控刀具破损和自动检测工件等功能。20 世纪 90 年代后期,出现了 PC+CNC 智能数控系统,即以 PC 机为控制系统的硬件部分,在 PC 机上安装 NC 软件系统,此种方式系统维护方便,易于实现网络化制造。

(2)数控机床的国内外现状

数控机床的发展情况,国内较国外无论是在技术方面还是在产品普及率方面均有不小的差距。

我国是制造业大国,机床作为工业母机,市场需求量很大。有资料表明:2015 年我国机床消费额为 275 亿美元,占全球主要机床消费国家(地区)机床消费总额的 36.89%;2015 年我国机床产值规模为 221 亿美元,占全球 27 个主要机床生产国家(地区)生产总值的 28.00%,产值、消费规模等均为全球第一,在全球机床市场有着重要地位。

近年来,我国数控机床行业出现了明显的供需矛盾,主要体现在低档数控机床的产能过剩和高档数控机床的供应不足而导致供给侧结构性失衡。由于低档数控机床行业门槛低,进入企业多,且近几年低档数控机床市场有效需求不足,该领域已经出现产能过剩的现象;另外,随着国民经济的发展以及产业结构的升级,高档数控机床的应用越加普及,产品需求越来越大,供给却难以满足需求。由于我国高档数控机床起步较晚,目前国产产能不能满足国内需求,国内大多数高档数控机床依赖进口。国产数控机床国内市场占有率相对较低,其中附加值较低的简单经济型数控机床占比较大。当前我国制造业亟须从"制造大国"向"制造强国"转变。我国数控机床行业经过几十年的发展,成了全球最大的产销国,技术和产能发展迅速,已经具备响应国家制造业转型的基础,未来我国数控机床需求将由中低档向高档转变,换言之,高档数控机床将具有较大的进口替代空间。

2015 年 10 月,国家制造强国建设战略咨询委员会发布的《〈中国制造 2025〉重点领域技术路线图》(以下简称《技术路线图》)对未来十年我国高档数控机床的发展方向作出规划。未来十年,我国数控机床将重点针对航空航天装备、汽车、电子信息设备等产业发展的需要,开发高档数控机床、先进成形装备及成组工艺生产线。《技术路线图》指出:"到 2020 年,高档数控机床与基础制造装备国内市场占有率超过 70%,到 2025 年,高档数控机床与基础制造装备国内市场占有率超过 80%"。

在工业 4.0 时代的今天,数控机床已经在向智能化、网络化和柔性化方向深入,单体机床逐步减少,"数控机床+工业机器人"等成套设备越来越普遍。

(3)数控机床的发展趋势

可以预测,在未来的若干年内,各国机床制造商和研发机构将在以下领域争夺制高点:

1)虚拟机床(Virtual Machine Tool,VMT)

通过研发机电一体化的、硬件和软件集成的仿真技术来实现机床的设计水平和使用绩效的提高。虚拟机床是随着虚拟制造技术的发展而提出的一个新的研究领域,虚拟数控机床是虚拟制造的执行单元,是虚拟制造的关键基础技术之一。它的最终目的是为虚拟制造建立一个真实的加工环境,在计算机屏幕上实现加工过程的仿真,以增强制造过程的各级决策与控制能力,优化制造过程。

虚拟机床与实际机床一样,可认为是一组相互连接的活动部件的集合。它们完成要求的相对运动,提供工件和刀具系统上相关点的瞬间空间位置关系。因为机床的类型各式各样,所以品种千变万化。

2)绿色机床(Green Machining)

强调节能减排,力求使生产系统的环境负荷达到最小化。绿色机床一般具有以下特点:

①机床主要零部件由再生材料制造。

②机床的质量和体积减小50%以上。

③通过减轻移动质量、降低空运转功率等措施使功率消耗减少30%~40%。

④使用过程中产生的各种废弃物减少50%~60%,保证基本没有污染的工作环境。

⑤报废后机床的材料100%可回收。

传统的机床设计理念是"只有足够的刚度才能保证加工精度,提高刚度就必须增加机床质量"。因此,现有机床质量的80%用于"保证"机床的刚度,而只有20%用于满足机床运动学的需要。机床绿色化的第一个措施是通过大幅度降低机床质量和减少所需的驱动功率来构建具有生态效益的机床(Eco-efficient Machine tool)。绿色机床提出一种全新的概念:大幅减少机床质量,节省材料;同时降低机床使用时的能源消耗。绿色制造技术是一门综合技术,节约能源、节约资源、提高生产率是绿色制造技术的核心要求。事实上,绿色制造技术的应用既是可持续发展的客观要求,也是市场竞争的需要。

3)聪明机床(Smart Machining)

提高生产系统的可靠性、加工精度和综合性能。2005年,美国国家标准与技术研究所提出"聪明加工系统(Smart Machining System)"的研究计划。聪明加工系统的实质是制造系统的智能化和网络化。假如说绿色机床是环境友好,那么智能机床的目标就是用户友好。"用户友好"的含义在于大幅提升工作效率和确保工作更加舒适且安全。要求机床能够自主治理自己,自动识别加工任务和加工状态,无须或很少需要人工干预,同时还能够及时与操纵者沟通,变得"聪明"起来,开拓数控机床的新纪元。

4)e-机床(Autonomous Machine)

e-机床提高生产系统的独立自主性以及与使用者和管理者的交互能力,使机床不仅是一台加工设备,而是成为企业管理网络中的一个节点。

随着网络技术的日渐普及,数控机床走向网络化和信息化已成为必然趋势,互联网进车间只是时间问题。从另一角度来看,企业资源计划假如仅仅局限于业务治理部分(人、财、物、产、供、销)或设计开发等企业上层的信息化是远远不够的,车间最底层的加工设备——数控机床不能够连成网络或信息化,就必然成为制约制造业信息化的瓶颈,无法真正解决工厂的最关键题目。因此,对于面临日益严重的全球化竞争的现代制造工厂来说,不仅要进步机床的数控化率,更要使所拥有的数控机床具有双向、高速的联网通信功能,以保证信息流在车间的底层之间以及底层与上层之间的通信畅通无阻。例如,日本 Mazak 公司推出的新一代加工中心不仅实现了加工过程和刀具交换的自动化,还配备一个称为信息塔(e-Tower)的外部设备,包括了计算机、手机、机外及机内摄像头等,能够实现语音、图形、视像和文本的通信功能,信息塔向操纵者发出指令。该机床与生产计划调度联网,可实时反映机床工作状态和加工进度。操纵者需指纹确认权限,在屏幕上观察加工过程。拥有故障报警显示功能,并能在线帮助排除题目。它是独立的、自主治理的制造单元。

随着数控机床技术的发展,数控加工技术和加工工艺也将出现革命性的变革。

1.1.4 数控加工技术的意义

制造业是国民经济的命脉,机械制造业又是制造业中的支柱与核心。因此,机械制造业是整个工业和国民经济的基石。而数控加工技术水平的高低,已成为衡量一个国家机械制造水平的重要标志。数控化率越高,机械制造水平就越高。数控加工作为一种先进的加工方法,被广泛地应用于航空工业、船舶工业以及电子工业等高精度、复杂零件的加工生产。

在现代社会生产领域中,用计算机辅助制造工程技术对我国传统产业进行改造,是我国制造业走向世界、走向现代化的必由之路。在国际竞争日益激烈的今天,作为计算机辅助制造工程技术基础的数控加工技术在机械制造业中的地位显得越来越重要。现在很多工业发达国家的数控化率已达 85% 以上,数控机床已成为机械制造业的主要设备。我国从 20 世纪 50 年代开始研制和使用数控机床,至今在数控机床的品种、数量和质量等方面得到了长足的发展。特别是在改革开放以来,我国数控机床的总拥有量有了显著的增加。数控加工技术的应用和普通机床的数控化改造已成为传统机械制造企业提高竞争力、摆脱困境的有效途径。

进入 21 世纪后,科技部和各工业部门都十分重视先进制造技术的应用,积极鼓励和扶持制造企业采用数控加工技术进行技术改造,提高企业工艺技术水平。国务院曾提出,以系统、高速和精密数控机床等为国家重点鼓励发展的产品和技术之一。可以预见,在今后,适合我国国情的数控加工技术将形成一个新兴的高科技产业,成为新的经济增长点。

另外,虽然我国的数控机床总拥有量有较大的提高,各种类型、不同档次的数控机床在企业得到了广泛的使用,其中不乏世界领先的数控机床,但使用情况不容乐观。其主要表现在数控机床功能未得到充分发挥,数控机床的实际开机率低,数控机床加工效率低,技术准备工作周期长、反复多,加工质量不稳定,总体的技术应用水平还比较低。其主要原因是数控加工技术人员的素质、数量、结构还不太适应数控加工技术发展的要求,我国迫切需要大量的从研究开发到使用、维修的各个层次的数控技术人才。

1.2　数控加工过程及原理

1.2.1 数控加工过程

数控加工过程如图 1.1 所示。对工件材料进行加工之前,要事先根据零件加工图样的要求,依据机械加工工艺手册确定加工工艺过程、工艺参数和刀具数据;再按编程手册的有关规定编写零件数控加工程序;然后将编制好的程序通过 MDI 或 DNC 方式输入数控系统;在数控系统控制软件的支持下,经过处理和计算后发出相应的指令,最后通过伺服系统使机床按照预先设定的运动轨迹运动,从而完成零件的切削加工。上述过程具体化为 3 个方面的内容,即数控加工工艺设计、数控程序编制和数控机床操作。本书将在后面的各章节中详细讲解上述 3 个方面的内容。

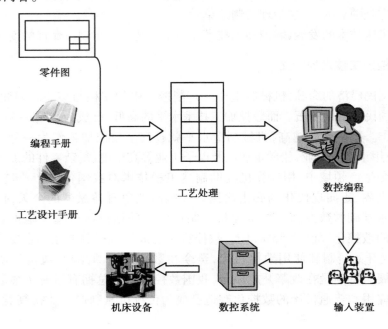

图 1.1 数控加工过程

数控加工的切削成型原理就是普通切削时的试切原理,不同点在于该试切过程由数控系统来完成。其工作原理如图 1.2 所示。

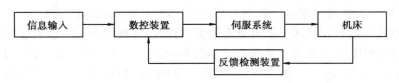

图 1.2 数控机床工作原理

由信息输入装置输入程序、参数等数据信息,而数控装置接收到加工信息后,经过数控装置内部的处理,插补计算、补偿计算,向各坐标的伺服驱动系统发出位置、速度指令,从而实现各种控制功能。这是数控机床的控制中心。伺服系统接受数控装置发来的指令,将信号进行调解、转换、放大后驱动伺服电机,带动机床执行部件运动。机床执行部件也就是机床本体,包括主运动部件、进给运动部件、执行部件及基础部件。检测反馈装置包括速度和位置检测反馈装置。其中,位置检测元件是数控机床的重要组成部分。检测元件采用直接或间接的方法将数控机床的执行机构或工作台等设备的速度和位移检测出来,并发出反馈信号,与数控系统发出的信号指令相比较,构成闭环(半闭环)系统,补偿执行机构的位置误差,从而提高数控机床加工精度。

1.2.2 数控系统的工作过程

由上述机床工作原理可知,机床的控制是由数控系统来完成的。数控系统除了中央控制系统以外,还包括键盘、显示器、操作面板及机床接口等输入输出设备。数控装置通过控制介质接收来自外界的加工信息,然后进行插补运算,实时地向各坐标轴发出速度和位置控制指令。

下面简要介绍数控系统的工作过程。

(1)译码

输入系统中的程序段含有零件的轮廓信息(起点、终点,直线、圆弧等)要求的加工速度以及其他一些辅助信息(如换刀、进给速度和冷却液等)。计算机依靠译码程序来识别这些指令符号,译码程序将工件加工程序翻译成计算机内部能识别的语言。

(2)数据处理

数据处理程序一般包括刀具半径补偿、速度计算以及辅助功能的处理。刀具半径补偿是根据刀具半径值把零件轮廓轨迹转化为刀具中心轨迹。速度计算是解决该加工程序段以什么样的速度来运动的问题。这里要注意,加工速度的确定是一个工艺问题,数控系统仅仅是保证这个编程速度的可靠实现。另外,辅助功能,如换刀或冷却液等也在这个程序中处理。

(3)插补运算

所谓插补运算,是指在已知一条曲线的种类、起点、终点以及进给速度后,在起点和终点之间进行数据点的密化。也就是数控加工的轨迹控制,它是数控加工的重要特征。理解数控加工原理的关键就是理解插补原理。正是有了插补功能,数控机床才能加工出各种形状复杂的零件。实际加工中,被加工零件的轮廓种类很多,严格来说,为了满足加工要求,刀具运动轨迹应该准确地按照零件的轮廓形状来生成。但是,对于复杂的曲线轮廓,直接计算刀具运动轨迹非常复杂,计算工作量太大,不能满足数控加工的实时计算实时控制功能。因此,在实际应用中,一般是用一小段直线或圆弧去逼近(拟合)零件轮廓曲线,也就是通常所说的直线或圆弧插补。某些高性能的数控系统中,还具有抛物线或螺旋线插补功能。

插补的任务就是根据进给速度的要求,完成在零件(或刀具运动轨迹)轮廓起点和终点之间的中间点坐标值计算。对于轮廓控制系统来说,插补运算是最重要的计算任务。插补对机床控制必须是实时的。插补运算速度直接影响系统的控制速度,而插补计算精度又影响到整个 CNC 系统的精度。人们一直在努力探求计算速度快同时计算精度又高的插补算法。目前,常用的插补方法有两类,即脉冲增量插补法和数据采用插补法。

1)脉冲增量插补

脉冲增量插补是模拟硬件插补的原理,把计算机每次插补运算产生的指令输出到伺服系统,伺服系统根据进给脉冲来进给,以驱动工作台运动。脉冲增量插补法适用于以步进电机为驱动装置的开环数控系统,这类插补算法的特点是每次插补的结果仅产生一个行程增量,以一个脉冲的方式输出给步进电机。脉冲增量插补的实现方法简单,通常仅用加法和位移就可以完成插补,容易用硬件来实现,而且用硬件实现这类运算的速度非常快。

目前的 CNC 系统一般均用软件来完成这类算法。应用软件实现脉冲增量插补算法一般要执行 20 多条指令,如果计算机 CPU 的时钟频率为 5 MHz,那么计算一个脉冲当量所需时间约为 40 μm。当脉冲当量为 0.001 mm 时,可达到的坐标轴极限速度为 1.5 m/min。如果要控制两个或两个以上坐标,且要承担其他必要的数控功能时,所能形成的轮廓插补进给速度将进一步降低。如果要求保证一定的进给速度,那么只能增大脉冲当量,使精度降低。例如,脉冲当量为 0.01 mm 时,上述 CPU 系统实现单坐标控制的进给速度理论值可达到 15 m/min。

因此,脉冲增量插补输出的速度主要受插补程序所用时间的限制,它一般仅适用于中等精度和中等速度以及以步进电机为进给执行机构的数控系统。

2)数据采样插补

数据采样插补是用小段直线来逼近已给轨迹,适用于闭环和半闭环以直流或交流伺服电机为进给执行机构的 CNC 系统。这种方法是将加工一段直线或圆弧的时间划分为若干相等的插补周期,每经过一个插补周期就进行一次插补运算,算出在该插补周期内各坐标的进给量,边计算边加工,若干次插补周期后便完成一个曲线段的加工,即从曲线段的起点走到了终点。

与脉冲增量插补法不同,数据采样插补时,是根据加工直线或圆弧段的进给速度 v 来计算每个插补周期内的插补进给量,即步长。例如,假定数控系统的插补周期为 $t=8$ ms,进给速度为 $v=10$ m/min,则插补步长为

$$\mathrm{d}l = \frac{vt}{60 \times 1\,000} = 1.33 \text{ mm}$$

假设加工的圆弧半径为 50 mm,则产生的逼近误差为 0.004 4 mm。显然,对于曲线插补,插补步长越短,插补精度越高。插补周期越短插补精度越高;进给速度越高插补精度越低。当加工精度要求高时,在数控系统一定的情况下,进给速度的快慢将影响工件的形状精度,这一点与普通机床加工时是有区别的。但是,需要指出的是,在直线插补中,插补所形成的每个小直线段与给定的直线重合,不会造成轨迹误差,也就是说进给速度的快慢不影响加工零件的形状误差。

插补计算误差与插补周期成正比,插补周期越长,插补计算误差越大。因此,从减少插补计算误差的角度考虑,插补周期应该选得尽量短,但必须大于插补运算时间与完成其他数控功能所需时间之和。CNC 系统必须选择一个合理的插补周期。随着微处理器的运算速度越来越高,为了提高 CNC 系统的进给速度和插补精度,插补周期会越来越短。

已知,加工速度和加工精度之间存在着矛盾,在加工时需要综合考虑加工速度和加工精度的要求,选择合适的进给速度。

对于多坐标数控加工(三轴、四轴、五轴数控加工),一般只采用直线插补(线性插补)。对于具体的线性插补算法请读者参阅其他相关资料。

(4)伺服控制

插补运算的结果是产生一个或多个插补周期内的位置增量。该位置增量在上一个插补周期内已经计算出来。伺服控制程序的功能就是完成本次插补周期的位置伺服计算,并将结果发送到伺服驱动接口中去。

(5)管理程序

当一个曲线段开始插补时,管理程序即着手准备下一个数据段的读入、译码、数据处理。也就是说由它调用各个功能子程序,且保证一个数据段加工过程中将下一个程序段准备完成。一旦本曲线段加工完毕,即开始下一个曲线段的插补加工。整个零件加工就是在这种周而复始的过程中完成的。

1.3 数控加工人员的要求

与普通设备相比,数控加工设备加工精度更高,具有稳定的加工质量,可进行多坐标的联动,能加工形状复杂的零件;机床本身的精度高、刚性大,可选择有利的加工用量,生产率高(一般为普通机床的 3~5 倍),可节省生产准备时间,机床自动化程度高,可减轻劳动强度。因此,对采用数控加工设备来生产的工程技术人员比采用普通设备来生产的技术人员具有更高的要求。

根据前述的数控加工过程来看,数控加工人员应该包括 3 个方面的人才:一是数控加工工艺设计人员;二是数控加工程序编制人员;三是数控设备操作人员。对于前两类人员不仅要求熟悉数控机床设备的性能、操作方法,还需要掌握零件的数控加工工艺编制方法,熟悉数控程序等。

对数控工艺设计和编程人员来说,要具备数控加工程序的设计能力和编制数控加工工艺的能力;要能熟练运用 PROE,UG,CIMATRON,MASTERCAM 等计算机辅助制造软件;要及时根据客户提供的 3D 造型图和 2D 平面图来设计模具分模图,进行产品加工过程仿真,以及编制数控加工程序,等等。

对数控机床的操作、维修人员来说,要有一定的专业知识和能力,如机械识图、制图知识;形位配合和形位公差等知识;应有较高的理论知识和维修技术;要了解数控机床的机械结构;懂得数控机床的电气原理及电子电路;还应有比较宽的机、电、气、液专业知识。这样才能综合分析,判断故障的根源,正确地进行维修,保证数控机床的良好运行状况以及保证加工出合格的机械产品。

数控机床是根据加工程序对工件进行自动加工的先进设备,工件的加工质量主要由机床的加工精度、工艺和加工程序的质量决定,基本上排除了机床操作人员手工操作技能的影响,但对操作者的综合素质提出了较高的要求。尤其是在我国开始逐渐普及数控加工技术的初期,很多企业拥有先进的数控机床,但数控加工工艺及加工程序的质量却很低,数控机床操作人员的数量和素质不能满足数控加工快速发展的要求,导致产品质量差,加工效率低。目前,符合数控加工实际需要的数控机床操作人员还存在较大的缺口。

数控机床是典型的机、电、液、气一体化的设备,对使用操作人员的要求较高,国家劳动和社会保障部规定必须持证上岗。数控机床的操作不同于普通机床对操作者的经验和手工技巧的要求,需要操作人员具有较好的工艺基础知识和较高的综合素质,能够不断了解和掌握先进加工技术的实际应用。

数控机床要按照数控加工程序自动进行零件的加工,必须由机床操作人员具体实施。可以说,数控加工工艺方案是通过机床操作人员在数控机床上实现的,数控加工现场经验的积累又是提高数控加工工艺和数控加工程序质量的基础。因此,数控加工技术是企业生产过程中非常重要的环节,数控工艺设计技术、数控编程技术以及数控机床操作人员的素质和水平将直接影响企业的生产效率、产品质量以及生产成本。高素质的数控加工人员是保证产品质量的重要条件之一。

习　题

1.1　什么是数控加工技术？

1.2　数控加工与传统加工相比有哪些特点？

1.3　简述数控加工的工作原理。

1.4　简述数控系统的工作过程。

1.5　对数控加工工艺人员有哪些要求？

第 2 章

数控机床及工装设备

2.1 数控机床结构

数控机床是完成数控加工的主要设备。它由输入输出装置、计算机数控装置(简称 CNC 装置)、伺服系统和机床本体等部分组成,其组成框图如图 2.1 所示。其中,输入输出装置、CNC 装置、伺服系统合起来就是计算机数控系统。

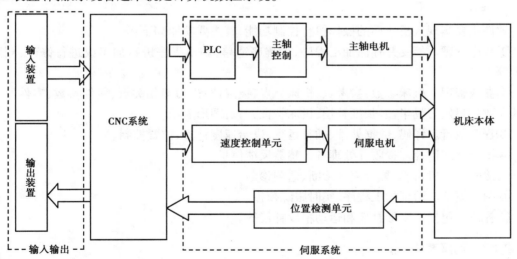

图 2.1 数控机床的构成

2.1.1 输入输出装置

在数控机床上加工零件时,首先根据零件图样上的零件形状、尺寸和技术条件,确定加工工艺,然后编制出加工程序,程序通过输入装置,输送给机床数控系统,机床内存中的零件加工程序可通过输出装置输出。输入输出装置是机床与外部设备的接口,常用的输入装置有软盘驱动器、RS-232 串行通信接口、MDI 方式、网络接口等,具体见表 2.1。

表 2.1　机床输入设备

种　类	外部设备	特　点
加工程序单	手写输入	可见、可读、可保存、容易出错、信息输入慢
软磁盘	磁盘驱动器	本身不可读,需防磁,信息传输较快
硬磁盘	相应的计算机接口	本身不可读,需防磁,信息传输快、存储量很大
闪存盘	USB 接口	本身不可读,信息传输很快、存储量大

2.1.2　计算机数控装置

计算机数控(CNC)装置是数控机床的核心。它接受输入装置送来的数字信息,经过控制软件和逻辑电路进行译码、运算和逻辑处理后,将各种指令信息输出给伺服系统,使设备按规定的动作执行。现在的 CNC 装置通常由一台通用或专用微型计算机构成。

(1)硬件

硬件由 CPU、存储器、输入装置、输出、接口等组成。硬件分为专用计算机和工业用 PC。专用计算机生产批量小,价格高,软件升级和技术发展受到一定限制,通用性较差;但可靠性高,硬件已模块化。工业用 PC 生产批量大,价格便宜,软件升级和技术发展都较容易实现,通用性好,且可实现软件模块化;但可靠性较专用计算机低。

(2)软件

软件主要实现人机界面的操作执行控制功能,其主要功能如下:

①程序管理。接受并存储加工程序,列程序清单,调出程序进行加工或进行修改、删除、更名等。

②参数管理。机床参数:参考点、机床原点、极限位置、刀架相关点、零件参数、零件原点;刀具参数:刀号、刀具半径、长度补偿;机床特征参数:图形显示。

③程序执行。译码、数据处理、插补运算、进给速度计算、位置控制。

④机床状态监控。接收并处理各传感器反馈信息。

⑤诊断。开机自诊、配合离线诊断、遥测诊断。

⑥图形模拟。验证加工程序、实时跟踪模拟。

⑦补偿。包括热变形补偿和运动精度补偿等。

2.1.3　伺服系统

伺服系统是数控机床的执行部分。其作用是把来自 CNC 装置的脉冲信号转换成机床的运动,使机床移动部件精确定位或按规定的轨迹做严格的相对运动,最后加工出符合图样要求的零件。每一个脉冲信号使机床移动部件产生的位移量称为脉冲当量(也称最小设定单位),常用的脉冲当量为 10 μm/脉冲。每个进给运动的执行部件都有相应的伺服系统,伺服系统的精度及动态响应决定了数控机床加工零件的表面质量和生产率。伺服系统一般包括驱动装置和执行机构两大部分,常用执行机构有步进电动机、直流伺服电动机、交流伺服电动机等。

数控机床对进给伺服系统的精度要求有:一般为 10 μm,稍高为 1 μm,最高为 0.1 μm;响应速度:一般为 200 ms,短的要求几十毫秒;调速范围要宽:在脉冲当量为 1 μm/脉冲情况时,有的系统要达到 0~240 m/min 连续可调;另外,还要求有低速大转矩。

伺服系统的驱动电动机包括步进电动机、直流伺服电动机、交流伺服电动机及直线电动机等。

对伺服电动机的要求如下:

①在调速范围内传动平稳,转矩波动小。

②过载能力强,数分钟内过载 4~6 倍而不损坏。

③快速响应,电极惯量小,具有大的堵转转矩,为使其在 0.1 s 内从静止加速到 1 500 r/min,电动机必须有 4 000 rad/s^2 的加速度。

④能承受频繁启动、制动、反转。

2.1.4   检测元件

检测元件必须要有高可靠性,高抗干扰性;要适应精度和速度的要求;符合机床使用条件;且安装维护方便、成本低等特点。检测元件主要有回转型和直线型两种类型,具体常见的检测装置见表 2.2。

表 2.2   常见位置检测装置

	增量式	绝对式
回转型	脉冲编码器 旋转变压器 圆感应同步器 圆光栅 圆磁栅	多速旋转变压器 绝对脉冲编码器 三速圆感应同步器
直线型	直线感应同步器 计量光栅 磁尺激光干涉仪	三速感应同步器 绝对值式磁尺

2.1.5   机床本体

机床本体是数控机床的机械结构实体,主要包括主运动部件、进给运动部件(如工作台、刀架)、支承部件(如床身、立柱等)。除此之外,数控机床还配备有冷却、润滑、转位部件、对刀及测量等配套装置。与普通机床相比,数控机床在整体布局、外观造型、传动机构、工具系统及操作机构等方面都发生了很大的变化,目的是满足数控技术的要求和充分发挥数控机床的特点。归纳起来,包括以下 6 个方面的变化:

①采用高性能主传动及主轴部件。具有传递功率大、刚度高、抗震性好及热变形小等优点。

②进给传动采用高效传动件。具有传动链短、结构简单、传动精度高等特点,一般采用滚

珠丝杠副、直线滚动导轨副等。

③具有完善的刀具自动交换和管理系统。

④在加工中心上一般具有工件自动交换、工件夹紧和放松机构。

⑤机床本身具有很高的动、静刚度。

⑥采用全封闭罩壳。由于数控机床是自动完成加工,为了操作安全,一般采用移动门结构的全封闭罩壳,对机床的加工部件进行全封闭。对于半闭环、闭环数控机床,还带有检测反馈装置,其作用是对机床的实际运动速度、方向、位移量以及加工状态加以检测,把检测结果转化为电信号反馈给 CNC 装置。检测反馈装置主要有感应同步器、光栅、编码器、磁栅及激光测距仪等。

2.2　数控机床的种类

数控机床的分类方法很多,根据数控机床的功能、结构,可大致从加工方式、运动控制方式、伺服系统类型及系统功能等方面来进行分类。

2.2.1　按加工方式分类

数控机床是在普通机床的基础上发展起来的,各种类型的数控机床基本上均起源于同类型的普通机床。按加工方式分类,数控机床大致有以下 3 种:

(1)金属切削类数控机床

金属切削类数控机床是指采用车、铣、镗、铰、钻、磨及刨等各种切削工艺的数控机床。它包括数控车床、数控钻床、数控铣床、数控磨床、数控镗床以及加工中心等。切削类数控机床发展最早,目前种类繁多,功能差异也较大。这里需要特别强调的是加工中心,也称为可自动换刀的数控机床,这类数控机床都带有一个刀库和自动换刀系统,刀库可容纳 16～100 把刀具。加工中心又可分为立式加工中心和卧式加工中心。立式加工中心装夹工件方便,便于找正,易于观察加工情况,调试程序简便,但受立柱高度的限制,不能加工过高的零件,通常用于加工高度方向尺寸相对较小的模具零件,一般情况下,除底部不能加工外,其余 5 个面都可用不同的刀具进行轮廓和表面加工。卧式加工中心适宜加工有多个加工面的大型零件或高度尺寸较大的零件。如图 2.2—图 2.7 所示为这几种机床实例图。

图 2.2　卧式数控车

图 2.3　立式数控车

图 2.4　车削中心

图 2.5　立式数控铣

图 2.6　圆盘刀库立式加工中心

图 2.7　链条刀库立式加工中心

（2）金属成型类数控机床

金属成型类数控机床是指采用挤、冲、压及拉等成型工艺的数控机床,包括数控折弯机、数控组合冲床、数控弯管机及数控压力机等。这类机床起步晚,但目前发展很快。

（3）数控特种加工机床

数控特种加工机床如数控线切割机床、数控电火花加工机床、数控火焰切割机床及数控激光切割机床等。

2.2.2　按运动控制方式分类

（1）点位控制类机床

点位控制类机床如数控镗床、数控钻床等。其特点是定位精度高;严格控制点到点之间的距离,而与所走的路径无关。如图 2.8 所示中从点 A 到点 B 是点位控制。

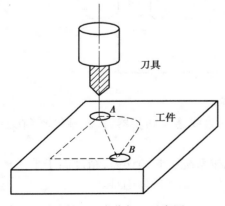

图 2.8　点位加工示意图

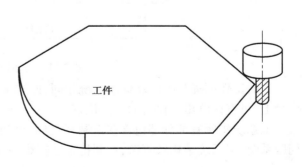

图 2.9　轮廓加工示意图

（2）轮廓控制类机床

轮廓控制类机床如数控镗铣床、数控车床、加工中心、数控线切割机床等。其特点是通过插补运算可实现对工件轮廓进行加工，若多轴联动，可实现曲面加工。不仅对坐标的移动量进行控制，而且对各坐标的速度及它们之间比率都要进行严格控制，以便加工出给定的轨迹。如图2.9所示为轮廓加工的示意图。

2.2.3 按伺服系统类型分类

（1）开环控制系统

如图2.10所示，机床上没有安装位置反馈检测装置，即没有构成反馈控制回路，机床工作台的移动速度与位移量取决于输入脉冲的频率和数量。

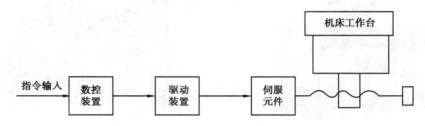

图2.10 开环控制系统

每给一脉冲信号，步进电机就转过一定的角度，工作台就走过一个脉冲当量的距离。数控装置按程序加工要求控制指令脉冲的数量、频率和通电顺序，达到控制执行部件运动的位移量、速度和运动方向的目的。由于它没有检测和反馈系统，故称为开环。

（2）闭环控制系统

如图2.11所示，机床上安装了位置反馈检测装置（如光栅尺），即构成了反馈控制回路，系统将测量到的实际位移反馈到数控装置中，然后与指令值相比较而得到差值信号，再由该差值信号控制工作台的运动，直到偏差为零。

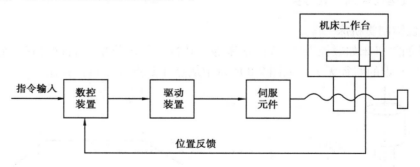

图2.11 闭环控制系统

它的工作原理与半闭环伺服系统相同，但测量元件（直线感应同步器、长光栅等）装在工作台上，可直接测出工作台的实际位置。

该系统将所有部分都包含在控制环之内，可消除机械系统引起的误差，精度高于半闭环伺服系统，但系统结构较复杂，控制稳定性较难保证，成本高，调试维修困难。

（3）半闭环控制系统

如图 2.12 所示，在机床上安装了角位移检测装置（如光电编码器或感应同步器等），通过检测丝杠转角间接地得到工作台的位移，然后反馈到数控装置中。反馈量取自丝杠转角，而不是工作台的实际位移，丝杠至工作台之间的误差不能反馈。

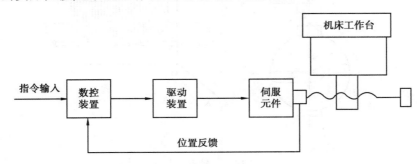

图 2.12　半闭环控制系统

测量元件（脉冲编码器、旋转变压器和圆感应同步器等）装在丝杠或伺服电机的轴端部，通过测量元件检测丝杠或电机的回转角，间接测出机床运动部件的位移。由于只对中间环节进行反馈控制，丝杠和螺母副部分还在控制环节之外，故称半闭环。对丝杠螺母副的机械误差，需要在数控装置中用间隙补偿和螺距误差补偿来减小。

2.2.4　按照联动轴数分类

数控系统控制几个坐标轴按需要的函数关系同时协调运动，称为坐标联动。按照联动轴数，数控机床可分为以下 4 类：

（1）两轴联动

数控机床能同时控制两个坐标轴联动，适合于数控车床加工旋转曲面或数控铣床铣削平面轮廓。

（2）两轴半联动

在两轴的基础上增加了 Z 轴的移动，当机床坐标系的 X、Y 轴固定时，Z 轴可做周期性进给。两轴半联动加工可以实现分层加工，如图 2.13 所示。

（3）三轴联动

数控机床能同时控制 3 个坐标轴的联动，用于一般曲面的加工，一般的型腔模具均可用三轴加工完成，如图 2.14 所示。

（4）多坐标联动

数控机床能同时控制 4 个或 4 个以上坐标轴的联动。多坐标数控机床的结构复杂、精度要求高、程序编制复杂，适合于加工形状复杂的零件，如叶轮叶片类零件。如图 2.15（a）所示为四轴联动加工情况，如图 2.15（b）所示为五轴联动加工情况。

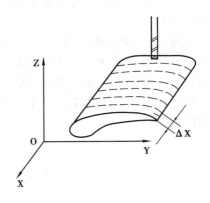

图 2.13　两轴半联动加工

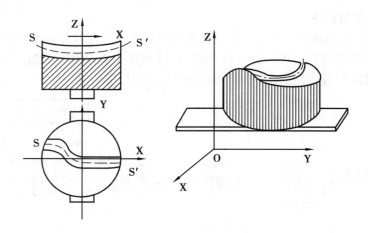

图 2.14　三轴联动加工

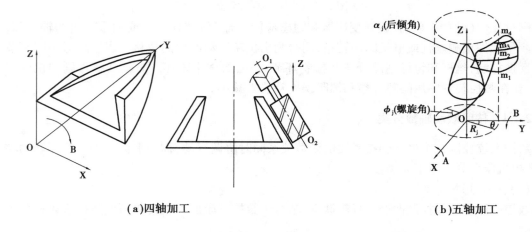

（a）四轴加工　　　　　　　　　　（b）五轴加工

图 2.15　多轴联动加工

　　通常三轴机床可实现两轴、两轴半、三轴加工；五轴机床也可只用到三轴联动加工，而其他两轴不联动。

　　另外，按数控系统的功能水平不同，数控机床又可分为低、中、高 3 档。这种分类方式，在我国广泛使用。低、中、高档的界限是相对的，不同时期的划分标准有所不同。其中，中、高档一般称为全功能数控或标准型数控。

　　数控机床还包括硬件数控机床、软件数控机床以及数控三坐标测量仪、数控对刀仪及数控绘图仪等。

2.3　数控加工机床的选择

　　数控机床的种类多种多样，而且其中许多数控机床在技术性能上已经比较完善。如何从品种繁多的设备中选择合适的机床；如何使这些机床在机械制造中充分发挥作用呢？选择数控机床时应考虑的问题主要有以下 5 个方面。

2.3.1　数控机床种类的选择

考虑到数控机床品种多,每一种数控机床的性能只适用于一定的使用范围,且只有在一定的条件下,加工一定的零件才能达到最佳效果,因此,选择数控机床首先必须确定用户所要加工的典型零件。

在确定典型零件时,应根据添置设备技术部门的技术改造或生产发展要求,确定有哪些零件的哪些工序准备用数控机床来完成,然后采用成组技术把这些零件进行归类。在归类中往往会遇到零件的规格大小相差很多,各类零件的综合加工工时大大超过机床满负荷工时等问题。因此,就要做进一步的选择,确定比较满意的典型零件之后,再来挑选适合加工的机床。

每一种数控机床都有其最佳加工的典型零件。例如,卧式加工中心适用于加工箱体零件——箱体、泵体、阀体及壳体等;立式加工中心适用于加工板类零件——箱盖、盖板、壳体及平面凸轮等单面加工零件。若卧式加工中心的典型零件在立式加工中心上加工,零件的多面加工则需要更换夹具和倒换工艺基准,这就会降低生产效率和加工精度;若立式加工中心的典型零件在卧式加工中心上加工则需要增加弯板夹具,这会降低工件加工工艺系统的刚性和工效。同类规格的机床,一般卧式机床的价格要比立式机床贵 80%~100%,所需的加工费也高,故这样加工是不经济的。然而卧式加工中心的工艺性比较广泛,据国外资料介绍,在工厂车间设备配置中,卧式机床占 60%~70%,而立式机床只占 30%~40%。

2.3.2　数控机床规格的选择

数控机床的规格应根据需要加工的典型零件进行选择。数控机床的最主要规格就是几个数控坐标的行程范围和主轴电动机功率。

(1)坐标的行程范围

数控机床的 3 个基本坐标(X,Y,Z)行程反映该机床允许的加工空间。一般情况下,加工零件的轮廓尺寸应在机床的加工空间范围之内,如典型零件是 450 mm×450 mm×450 mm 的箱体,那么应选取工作台面尺寸为 500 mm×500 mm 的加工中心。选用工作台面比典型零件稍大一些是考虑到安装夹具所需的空间。加工中心的工作台面尺寸与 3 个直线坐标行程都有一定比例关系,如上述工作台为 500 mm×500 mm 的机床,X 轴行程一般为 700~800 mm,Y 轴为 550~700 mm,Z 轴为 500~600 mm。因此,工作台面的大小基本确定了加工空间的大小。个别情况下也可有零件尺寸大于机床坐标行程,这时必须要求零件上的加工区处在机床的行程范围之内,而且要考虑机床工作台的允许承载能力,以及零件是否与机床换刀空间干涉及其在工作台上回转时是否与护罩附件干涉等一系列问题。

(2)主轴电机功率

主轴电动机功率反映了数控机床的切削效率,也从一个侧面反映了数控机床在切削时的刚性。目前,一般加工中心都配置了功率较大的直流或交流调速电动机,可用于高速切削,但在低速切削中转矩受到一定限制,这是由于调速电动机在低转速时输出功率下降。

因此,当需要加工大直径和余量很大的零件,如镗削时,必须对低速转矩进行校核。在数控车床中,同一规格的高速轻载型车床与普通车床相比,主轴电动机功率可以相差数倍。这就要求用户根据自己的典型零件毛坯余量的大小、所要求的切削能力(单位时间金属切除量)、要求达到的加工精度以及能配置什么样的刀具等因素综合考虑选择数控机床。

对少量特殊零件,仅靠 3 个直线坐标加工的数控机床还不能满足要求,需要另外增加回转坐标(A,B,C),或附加坐标(U,V,W)等。这就要向机床制造厂特殊订货,目前国产的数控机床和数控系统可实现 5 个坐标联动,但增加坐标数机床的成本会相应增加。

2.3.3 数控机床精度的选择

选择数控机床的精度等级,应根据加工零件关键部位加工精度的要求来确定。国产加工中心按精度可分为普通型和精密型两种。加工中心的精度项目主要包括单轴定位精度、单轴重复定位精度和铣圆精度 3 种。其中,普通型机床分别可达到±0.01/300、±0.006 mm 和 0.03 mm,而精密型机床可以达到±0.005/全长、±0.003 mm 和 0.02 mm。

数控机床的其他精度与上述数据有一定的对应关系。定位精度和重复定位精度综合反映了该轴各运动元部件的综合精度。尤其是重复定位精度,反映了该控制轴在行程内任意定位点的定位稳定性,是衡量该控制轴能否稳定可靠工作的基本指标。目前的数控系统软件功能比较丰富,一般都具有控制轴的螺距误差补偿功能和反向间隙补偿功能,能对进给传动链上各环节系统误差进行稳定的补偿。如丝杠的螺距误差和累积误差可以用螺距补偿功能来补偿;进给传动链的反向死区可用反向间隙补偿来消除。但这是一种理想的做法,实际造成这种反向运动量损失的原因是存在驱动元部件的反向死区、传动链各环节的间隙、弹性变形和接触刚度变化等因素。其中有些误差是随机误差,它们往往随着工作台的负载大小、移动距离长短、移动定位的速度改变等反映出不同的损失运动量。这不是一个固定的电气间隙补偿值所能全部补偿的。所以,即使是经过仔细的调整补偿,还是存在单轴定位重复性误差,不可能得到很高的重复定位精度。

铣圆精度是综合评价数控机床有关数控轴的伺服跟随运动特性和数控系统插补功能的指标。由于数控机床具有一些特殊功能,因此在加工中等精度的典型零件时,一些大孔径、圆柱面和大圆弧面可采用高切削性能的立铣刀铣削。测定一台机床的铣圆精度的方法是用一把精加工立铣刀铣削一个标准圆柱试件(中小型机床圆柱试件的直径一般在 $\phi200 \sim \phi300$ mm);将标准圆柱试件放到圆度仪上,测出加工圆柱的轮廓线,取其最大包络圆和最小包络圆,两者间的半径差即为其精度(一般圆轮廓曲线仅附在每台机床的精度检验单中,而机床样本仅给出铣圆精度允差)。

前述单轴定位精度是指在该轴行程内任意一个点定位时的误差范围。它反映了在数控装置控制下通过伺服执行机构运动时,在这个指定点的周围一组随机分散的点群定位误差分布范围。如图 2.16 所示,在整个行程内一连串定位点的定位误差包络线构成了全行程定位误差范围,也就确定了定位精度。从机床的定位精度可估算出该机床在加工时的相应有关精度。如在单轴上移动加工两孔的孔距精度为单轴定位精度的 1.5~2 倍(具体误差值与工艺因素密切相关)。普通型加工中心可以批量加工出 IT8 级精度零件,精密型加工中心可批量加工出 IT7—IT6 级精度零件,这些都是选择数控机床的一些基本参考因素。

此外,普通型数控机床进给伺服驱动机构大都采用半闭环方式,对滚珠丝杠受温度变化造成的位置伸长无法检测,因此会影响加工零件的加工精度。一般滚珠丝杠材料的线性热膨胀系数为 11.2×10^{-8} m/K,在机床自动连续加工时,丝杠局部温度经常有 1~2 ℃ 的变化。由于丝杠的热伸长,造成该坐标的零点和零件坐标系漂移。

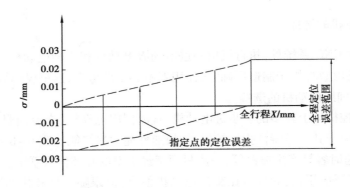

图 2.16　定位误差包络线

如零件坐标系零位取在一个行程中间点,离丝杠轴向固定端约 400 mm 处,当温升 2 ℃ 时造成的漂移达 8.9 μm。这个误差不容忽视,尤其是在一些卧式加工中心上要用转台回转 180° 加工箱体两端的孔时,会使两端孔的同心度误差加大 1 倍。在一些要求较高的数控机床上,对丝杠伸长端采取预拉伸的措施。这不仅可减小丝杠的热变形误差,也提高了传动链刚度,但驱动机构的成本会大大增加。

以上只是部分分析了数控机床几项主要精度对零件加工精度的影响。要想获得合格的加工零件,除了选取适用的机床设备外,还必须采取合理的工艺措施来解决。

2.3.4　数控系统的选择

目前,数控系统的种类规格极其繁多,为了能使数控系统与所需机床相匹配,在选择数控系统时应遵循以下 3 条基本原则。

(1)根据数控机床类型选择相应的数控系统

一般来说,数控系统有适用于车、铣、镗、磨、冲压等加工类别,故应有针对性地进行选择。

(2)根据数控机床的设计指标选择数控系统

可供选择的数控系统的性能高低差别很大。例如,日本 FANUC 公司生产的 15 系统,它的最高切削进给速度可达 240 m/min(当脉冲当量为 1 μm 时),而该公司生产的 0 系统,只能达到 24 m/min。它们的价格也相差数倍。如果是一般数控机床,采用最高速度 20 m/min 的数控系统就可以了。此时,如选用 15 系统那样高水平的数控系统,显然很不合理,且会使数控机床成本大为增加。因此,不能片面的追求高水平、新系统,而应该对性能和价格等做一个综合分析,选用合适的系统。

(3)根据数控机床的性能选择数控系统功能

一个数控系统具有许多功能。有的属于基本功能,即在选定的系统中原已具备的功能;有的属于选择功能,是只有当用户特定选择了这些功能之后才能提供的。数控系统生产厂家对系统的定价往往是具备基本功能的系统很便宜,而具有备选功能的却较贵。因此,对选择功能一定要根据机床性能需要来选择,如果不加分析的全选,不仅许多功能用不上,还会大幅增加产品成本。

此外,在选择数控系统时,还应尽量考虑使用企业内已有数控机床中相同型号的数控系统,这将对今后的操作、编程、维修都会带来较大的方便。

2.3.5 机床电机的选择

数控机床上除 CNC 系统外,执行机构中进给伺服电动机和主轴电动机是最重要的部件。这些基本件一般已由数控机床制造厂确定,使用者不必重新考虑,这里仅作简单的介绍。

(1)进给驱动伺服电动机的选择

目前,用在数控机床上较多的有步进电动机、直流伺服电动机、交流伺服电动机。步进电动机价格低廉,但由于其工作特性指标较低,如快速性能一般只能达到 6~8 m/min,最小分辨率为 0.01 mm,低速时容易产生振荡等,一般只用于经济型的开环伺服系统。直流伺服电动机在机床上已得到广泛应用,它的价格比交流电动机便宜,但跟随特性和快速特性都不如交流电动机,尤其使用碳刷、整流子使其工作故障率较多。近年来,由于交流伺服电动机的元器件和制造技术的发展,交流电动机在数控机床中的应用已占主流。

进给驱动伺服电动机选用功率大小取决于负载条件,加在电动机轴上的负载有阻尼负载和惯量负载,它们应满足以下条件:

①当机床空载运行时,在整个速度范围内,加在电动机轴上的负载转矩应在电动机连续额定转矩范围内,即在转矩-速度特性曲线的连续工作区内。

②最大负载转矩、加载周期及过载时间都应在电动机特性曲线允许范围内。

③电动机在加速或减速过程中的转矩应在加/减速区(或间断工作区)之内。

④对要求频繁启动、制动以及周期性变化的负载,必须检查它在一个周期中的转矩均方根值,并应小于电动机的连续额定转矩。

⑤加在电动机轴上的负载惯量大小对电动机的灵敏度和整个伺服系统精度将产生影响。通常,当负载惯量小于电动机转子惯量时,上述影响不大,但当负载惯量达到甚至超过转子惯量的 3 倍时,会使灵敏度和响应特性受到很大影响,甚至会使伺服放大器不能在正常调节范围内工作,因此对这类惯量应避免使用。推荐的电动机惯量 J_m 与负载惯量 J_i 之间关系为:

$$\frac{J_m}{J_i} < 3$$

最佳的情况为

$$\frac{J_m}{J_i} = 1$$

(2)主轴电动机的选择

选择主轴电动机功率通常考虑以下因素:

①选择的电动机功率应能满足机床使用的切削功率、单位时间金属切除率、主轴低速时的最大转矩等要求。

②根据要求的主轴加/减速时间计算出的电动机功率不应超过电动机的最大输出功率。

③在要求主轴频繁启动、制动的场合,必须计算出平均功率,其值不能超过电动机连续额定输出功率。

④在要求有恒速控制的场合,则恒速所需的切削功率与加速所需功率两者之和应在电动机能够提供的功率范围之内。

2.4　数控加工常用工具及其选择

2.4.1　数控机床夹具及其选择

在数控加工中,工件的定位基准与夹紧,应遵循机械制造工艺学中有关定位基准的选择原则与工件夹紧的基本要求。但数控机床夹具必须适应数控机床的高精度、高效率、多方向同时加工、数字程序控制及单件小批生产的特点。为此,对数控机床夹具提出了一系列新的要求:推行标准化、系列化和通用化;发展组合夹具和拼装夹具,降低生产成本;提高精度;提高夹具的高效自动化水平。

(1)数控机床夹具的种类

根据所使用的机床不同,用于数控机床的夹具除了通用夹具以外,数控机床夹具主要采用拼装夹具、组合夹具、可调夹具等数控夹具。

1)组合夹具

组合夹具是一种标准化、系列化、通用化程度很高的工艺装备。它由一套预先制造好的不同形状、不同规格、不同尺寸的标准元件及部件组装而成。用来钻径向分度孔的组合夹具立体图及其分解图如图 2.17 所示。

组合夹具一般是为某一工件的某一工序组装的专用夹具,也可组装成通用可调夹具或成组夹具。组合夹具适用于各类机床,但以钻模和车床夹具用得最多。

组合夹具把专用夹具的设计、制造、使用、报废的单向过程变为组装、拆散、清洗入库、再组装的循环过程。可用几小时的组装周期代替几个月的设计制造周期,从而缩短了生产周期;节省了工时和材料,降低了生产成本;还可减少夹具库房面积,有利于生产管理;元件精度高、耐磨,并且实现了完全互换。

组合夹具的主要缺点是体积较大,结构复杂,刚性较差;一次投资多,成本高;组合夹具需要经常拆卸和组装。

组合夹具分为槽系和孔系两大类。

2)拼装夹具

拼装夹具是在成组工艺基础上,用标准化、系列化的夹具零、部件拼装而成的夹具。它有组合夹具的优点,比组合夹具有更好的精度和刚性,更小的体积和更高的效率,因而较适合柔性加工的要求。如图 2.18 所示为镗箱体孔的数控机床夹具。

3)可调夹具

某些元件可调整或更换,以适应多种工件加工的夹具,称为可调夹具。可调夹具是针对通用夹具和专用夹具的缺陷而发展起来的一类新型夹具。对不同类型和尺寸的工件,只需调整或更换原来夹具上的个别定位元件和夹紧元件便可使用。它一般又可分为通用可调夹具和成组夹具两种。前者的通用范围比通用夹具更大;后者则是一种专用可调夹具,它按成组原理设计并能加工一族相似的工件,故在多品种,中、小批量生产中使用有较好的经济效果。

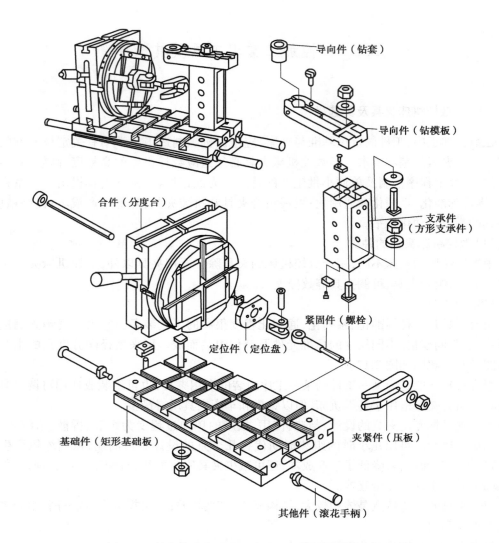

图 2.17　钻径向分度孔的组合夹具立体图及其分解图

（2）数控机床夹具的选择

数控加工的特点对夹具提出了两个基本要求：一是保证夹具的坐标方向与机床的坐标方向相对固定；二是要能协调零件与机床坐标系的尺寸。除此之外，重点考虑以下 6 点：

①单件小批量生产时，优先选用组合夹具、可调夹具和其他通用夹具，以缩短生产准备时间和节省生产费用。

②在成批生产时，才考虑采用专用夹具，并力求结构简单。

③零件的装卸要快速、方便、可靠，以缩短机床的停顿时间，减少辅助时间。

④为满足数控加工精度，要求夹具定位、夹紧精度高。

⑤夹具上各零、部件应不妨碍机床对零件各表面的加工，即夹具要敞开，其定位、夹紧元件不能影响加工中的走刀（如产生碰撞等）。

⑥为提高数控加工的效率，批量较大的零件加工可采用气动或液压夹具、多工位夹具。

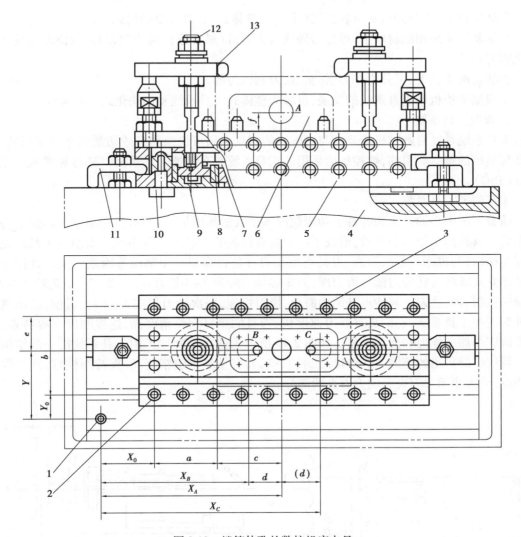

图 2.18　镗箱体孔的数控机床夹具

1、2—定位孔；3—定位销钉；4—数控机床工作台；5—液压基础平台；6—工件；
7—通油孔；8—液压缸；9—活塞；10—定位键；11、13—压板；12—拉杆

2.4.2　数控加工刀具及其选择

(1)数控刀具的种类及特点

1)数控刀具的种类

数控机床加工时都必须采用数控刀具,数控刀具主要是指数控车床、数控铣床、加工中心等机床上所使用的刀具。从现实情况看,应从广义上来理解"数控机床刀具"的含义。随着数控机床结构、功能的发展,现在数控机床所使用的刀具,不是普通机床所采用的那样"一机一刀"的模式,而是多种不同类型的刀具同时在数控机床的主轴上(刀盘上)轮换使用,可达到自动换刀的目的。因此,对"刀具"的含义应理解为"数控工具系统"。

数控刀具按不同的分类方式可分成以下 4 类:

①从结构上,可分为机夹可转位式(主要)、整体式、焊接式及涂层式等。

②从制造所采用的材料上,可分为硬质合金刀具(最普遍)、高速钢刀具、陶瓷刀具及立方氮化硼刀具等。

③从切削工艺上,可分为车刀、钻头、铣刀和铰刀等。

④根据数控机床工具系统的发展,可分为整体式工具系统和模块化式工具系统。

2)数控工具系统

工具系统是针对数控机床要求与之配套的刀具必须可快换和高效切削而发展起来的,是刀具与机床的接口。目前,数控机床采用的工具系统有车削类工具系统(TMG)和镗铣类工具系统(TSG)。

①车削类工具系统

随着车削中心的产生和各种全功能数控车床数量的增加,人们对数控车床和车削中心所使用的刀具提出了更高的要求,形成了一个具有特色的车削类工具系统。车削类工具系统的构成与结构,与机床刀架的形式、刀具类型及刀具是否需要动力驱动等因素有关。数控车床常采用立式或卧式转塔刀架作为刀库,刀库容量一般为4~8把刀具,常按加工工艺顺序布置,由程序控制自动换刀。其特点是结构简单,换刀快速,每次换刀仅需1~2 s。目前,已出现了几种车削类工具系统,它们具有换刀速度快,刀具的重复定位精度高,连接刚度高等特点,提高了机床的加工能力和加工效率。如图2.19所示为数控车削加工用工具系统的一般结构体系。目前广泛采用的德国DIN69880工具系统,具有重复定位精度高、夹持刚性好、互换性强等特点,分为非动力刀夹和动力刀夹两部分。

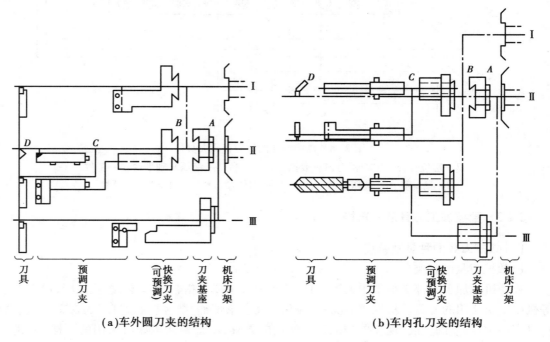

(a)车外圆刀夹的结构　　　　　　　　(b)车内孔刀夹的结构

图2.19　车削类工具系统的一般结构体系

②镗铣类工具系统

镗铣类工具系统一般由与机床主轴连接的锥柄、延伸部分的连杆和工作部分的刀具组成。它们经组合后可完成钻孔、扩孔、铰孔、镗孔、攻螺纹等加工工艺。镗铣类工具系统又分为整体式结构和模块式结构两大类。

A.整体式结构

如图 2.20 所示为镗铣类整体式工具系统,即 TSG 整体式工具系统组成。它是把工具柄部和装夹刀具的工作部分做成一体。要求不同工作部分都具有同样结构的刀柄,以便与机床的主轴相连,所以具有可靠性强、使用方便、结构简单、调换迅速及刀柄的种类较多的特点。TSG 工具系统图详见手册。

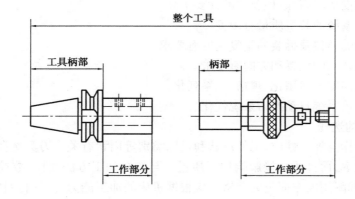

图 2.20　整体式工具系统组成

B.模块式结构

模块式结构把工具的柄部和工作部分分开,制成系统化的柄部(主柄模块)、中间模块(连接模块)和工作头部(工作模块),如图 2.21 所示。每类模块中又分为若干小类和规格,然后用不同规格的中间模块组装成不同用途、不同规格的模块式刀具,这样就方便了制造、使用和保管,减少了工具的规格、品种和数量的储备,对加工中心较多的企业有很高的实用价值。目前,模块式工具系统已成为数控加工刀具发展的方向。国内外有许多应用比较成熟和广泛的模块式工具系统。例如,瑞士的山特维克(SANDVIK)公司有比较完善的模块式工具系统,在我国的许多企业得到了很好的应用;国内生产的 TMG10、TMG21 模块工具系统,发展迅速,

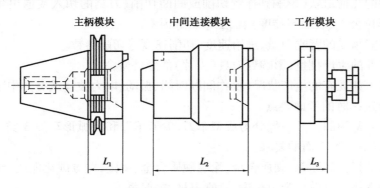

图 2.21　模块式工具系统组成

应用广泛,是加工中心使用的基本工具。

3)数控刀具的特点

为适应数控机床加工精度高、加工效率高、加工工序集中及零件装夹次数少等要求,在数控机床上所使用刀具应具有以下特点:

①刀具或刀片几何参数和切削参数的规范化、典型化。

②刀片或刀具材料及切削参数与被加工材料之间应相匹配。

③刀片或刀具的耐用度及经济寿命指标的合理性。

④刀片及刀柄的位置基准的优化。

⑤刀片及刀柄对机床主轴的相对位置的要求高。

⑥对刀柄的强度要求高、刚性及耐磨性要求高。

⑦刀柄或工具系统的装机质量有限度。

⑧刀片及刀柄的转位及拆装的重复精度有要求。

⑨刀片及刀柄切入的位置和方向有要求。

⑩刀片及刀柄高度的通用化、规格化、系列化。

⑪整个数控工具系统自动换刀系统优化。

(2)数控刀具的选择

数控刀具的选择与加工性质、工件形状和机床类别等因素有关。刀具选择合理与否不仅影响机床的加工效率,而且还直接影响加工质量。与传统加工方法相比,数控加工对刀具的要求,尤其在刚性和耐用度方面更为严格。应根据机床的加工能力、工件材料的性能、加工工序、切削用量以及其他相关因素正确选用刀具及刀柄。

刀具选择总的原则是安装调整方便、刚性好、耐用度和精度高。在满足加工要求的前提下,尽量选择较短的刀柄,以提高刀具加工的刚性。

1)选择刀片(刀具)应考虑的要素

随着机床种类、型号、工件材料的不同以及其他因素而得到的加工效果是不相同的。选择刀具应考虑的因素归纳起来如下:

①被加工工件的材料类别及性能。如金属、非金属等不同材料,材料的硬度、耐磨性、韧性等。

②切削工艺的类别。有车、钻、铣、镗或粗加工、半精加工、精加工、超精加工等。

③被加工件的几何形状(影响到连续切削或间断切削、刀具的切入或退出角度)、零件精度(尺寸公差、形位公差、表面粗糙度)、加工余量等因素。

④要求刀具能承受的背吃刀量、进给速度、切削速度等切削参数。

⑤被加工工件的生产批量,影响到刀具(刀片)的经济寿命。

⑥其他因素。如现有的生产状况(操作间断时间、振动、电力波动或突然中断)。

2)数控车刀选择时的考虑要点

数控车削车刀常用的刀具一般分为成型车刀、尖形车刀和圆弧形车刀 3 类。对于刀片的选择,应该考虑以下 4 个方面的要求:

①刀片材料选择。高速钢、硬质合金、涂层硬质合金、陶瓷、立方碳化硼或金刚石。

②刀片尺寸选择。有效切削刃长度、背吃刀量、主偏角等。

③刀片形状选择。依据表面形状、切削方式、刀具寿命、转位次数等。

④刀片的刀尖半径选择。粗加工,工件直径大、要求刀刃强度高、机床刚度大时,选大刀尖圆弧;精加工,切深小、细长轴加工、机床刚度小时,选小刀尖圆弧。

3)镗孔刀具选择时的考虑要点

镗孔刀具的选择,主要问题是刀杆的刚性,要尽可能地防止或消除振动。其考虑要点如下:

①尽可能选择大的刀杆直径,接近镗孔直径。

②尽可能选择短的刀臂(工作长度)。

③选择主偏角(切入角 κ_r)接近 90°,大于 75°。

④选择无涂层的刀片品种(刀刃圆弧小)和小的刀尖半径($r_\varepsilon = 0.2$)。

⑤精加工采用正切削刃(正前角)的刀片和刀具,粗加工采用负切削刃(负前角)的刀片和刀具。

⑥镗深的盲孔时,采用压缩空气(气冷)或冷却液(排屑和冷却)。

⑦选择正确的、快速的镗刀柄夹具。

4)数控铣刀选择时的注意事项

①在数控机床上铣削平面时,应采用可转位式硬质合金刀片铣刀。

②高速钢立铣刀多用于加工凸台和凹槽,最好不要用于加工毛坯面。

③加工余量较小,并且要求表面粗糙度较低时,应采用立方氮化硼(CBN)刀片端铣刀或陶瓷刀片端铣刀。

④镶硬质合金立铣刀可用于加工凹槽、窗口面、凸台面和毛坯表面。

⑤镶硬质合金立铣刀可进行强力切削,铣削毛坯表面和用于孔的粗加工。

⑥加工精度要求较高的凹槽时,可采用直径比槽宽小一些的立铣刀。

⑦钻孔前最好先用中心钻钻一个中心孔或采用一个刚性好的短钻头锪窝引正。

习　题

2.1　数控机床由哪些部分组成?各组成部分有什么作用?

2.2　数控机床按工艺方法分类有哪几种?

2.3　什么是开环控制系统?

2.4　进行数控机床的选择时需要从哪些方面考虑?

2.5　数控机床对刀具和夹具有什么要求?

2.6　数控夹具选择时应如何考虑?

2.7　数控刀具选择的原则是什么?

第 **3** 章

数控加工工艺设计

数控机床的加工工艺与通用机床的加工工艺有许多相同之处,但在数控机床上加工零件比通用机床加工零件的工艺规程要复杂得多。在数控加工前,要将机床的运动过程、零件的工艺过程、刀具的形状、切削用量及走刀路线等都编入程序,这就要求程序设计人员具有多方面的工艺基础。合格的程序员首先是一个合格的工艺人员,否则就无法做到全面周到地考虑零件加工的全过程,以及正确、合理地编制零件的加工程序。

3.1 数控加工的工艺特点与内容

数控技术的应用与发展,深深地影响着产品加工工艺的设计思路。例如,采用数控加工技术后,美国洛克希德公司 C-130 大型运输机机体采用钣金结构的比例由 90% 降到 30%,而采用蜂窝结构的比例由 10% 增到 70%;法国达索公司的幻影 2000 战斗机机体结构件钛合金质量就占 28%,复合材料占 17%。

目前,国内外飞机制造业已广泛采用数控铣削加工的整体结构。原来需要成百上千个钣金零件、连接件装配起来的梁、框、肋、壁板等组件,采用整体结构后只由几个零件组成,现代飞机结构件零件数量比按传统设计的数量约减少 50%。在提高了整机制造质量的同时,减少了工艺装备数量、装配工作量和飞机质量,从而缩短了周期,降低了成本,生产技术管理工作也大为简化。

3.1.1 数控加工的工艺特点

由于数控机床的运行成本和对操作人员的要求相对较高,在安排进行数控加工零件时,应首先考虑那些用常规通用机床设备加工困难、数控加工可显著地提高零件质量和缩短周期以及采用数控加工能够减少较多工装夹具的零件。数控加工与通用机床加工在加工方法与对象上有许多相似之处,不同点主要表现在控制方式上。在通用机床上加工零件时,就某道工序而言,其工步的安排、机床部件运动的次序、位移量、走刀路线、切削参数的选择等,都是由操作工人在加工过程中自行考虑和确定的,是用手工操作方式来进行控制的。而在数控机床上加工时,情况就完全不同了。在数控机床加工前,必须由编程人员把全部加工工艺过程、工艺参数和位移数据等制成程序,记录在控制介质上,用来控制机床加工。由于数控加工的整个过程是自动进行的,因而形成了以下的工艺特点:

(1)数控加工工艺的内容十分具体

在用通用机床加工时,许多具体的工艺问题,如工步的划分、对刀点、换刀点、走刀路线等在很大程度上都是由操作工人根据自己的经验和习惯而自行考虑、决定的,一般无须工艺人员在设计工艺规程时进行过多的规定。而在数控加工时,上述这些具体工艺问题,不仅成为数控工艺处理时必须认真考虑的内容,而且还必须正确地选择并编入加工程序中。换言之,本来是由操作工人在加工中灵活掌握并可通过适时调整来处理的许多工艺问题,在数控加工时就转变成为编程人员必须事先具体设计和具体安排的内容。

(2)数控加工的工艺处理相当严密

数控机床虽然自动化程度较高,但自适应性差。它不可能对加工中出现的问题自由地进行调整,尽管现代数控机床在自适应性调整方面作了不少改进,但自由度还是不大。因此,在进行数控加工的工艺处理时,必须注意到加工过程中的每一个细节,考虑要十分严密。实践证明,数控加工中出现差错或失误的主要原因,多为工艺方面考虑不周或计算与编程时粗心大意所致。因此,编程人员不仅必须具备较扎实的工艺基础知识和较丰富的工艺设计经验,而且必须具有严谨踏实的工作作风。

(3)数控加工工艺要注重加工的适应性

注重加工的适应性,也就是要根据数控加工的特点,正确选择加工方法和加工对象。由于数控加工自动化程度高、质量稳定、可多坐标联动、便于工序集中,但价格昂贵,操作技术要求高等特点均比较突出,因此,加工方法、加工对象选择不当往往会造成较大损失。为了既能充分发挥出数控加工的优点,又能达到较好的经济效益,在选择加工方法和对象时要特别慎重,甚至有时还要在基本不改变零件原有性能的前提下,对其形状、尺寸、结构等做适应数控加工的修改。通常情况下,在一般数控机床上加工,数控加工所承担的工作量最好占被加工零件总工作量的 80% 以上,在加工中心上加工的产品应占 90% 以上。这样才能充分地体现出数控加工的综合技术经济效益。

3.1.2　数控加工工艺处理的主要内容

实践证明,数控加工的工艺处理主要包括以下 6 个方面的内容:

①选择并确定进行数控加工的零件及内容。

②对被加工零件的图样进行工艺分析,明确加工内容和技术要求,在此基础上确定零件的加工方案,划分和安排加工工序。

③设计数控加工工序,如工步的划分、零件的定位、夹具与刀具的选择、切削用量的确定等。

④选择对刀点、换刀点的位置,确定加工路线,考虑刀具的补偿。

⑤分配数控加工中的允许误差。

⑥数控加工工艺技术文件的定型与归档。

多数零件在进行数控加工前需预先加工定位孔和定位基准平面。钢质模锻零件还需进行粗加工和消除内应力等预处理,然后提交数控加工。一般数控机床上只完成结构零件的外形、内形、凸台端面等型面铣削加工,数控加工完成后还须进行手工倒角、毛刺打磨和修整,经热处理特种检查检验交付。

　　除了必要的校正、时效处理工序之外,应尽量设法减少数控加工与常规加工工序反复交接的次数。对数控加工过程中的检验,允许采用数控机床上的测量装置进行工序检查,数控加工完成后的最后检验,按工艺文件要求规定进行。

　　根据零件的几何形状和加工要求,结合工厂的实际情况,选择合适的数控机床和刀具。针对零件的外形特点,在采用的自动编程系统软件(外形定义和刀具选择功能)支持的情况下,选择适当的加工方案。

　　例如,平面类结构件变厚度腹板件,当其斜率变化较小时,常用端齿 R 铣刀在三坐标铣床上加工,如图 3.1(a)所示。当其斜率变化较大时,用端齿 R 铣刀在四坐标、五坐标数控铣床上加工,如图 3.1(b)所示。

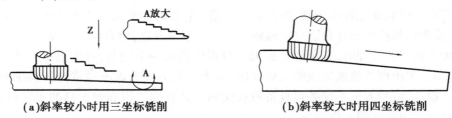

(a)斜率较小时用三坐标铣削　　　　　　　　(b)斜率较大时用四坐标铣削

图 3.1　铣削加工斜面

　　接下来,应根据零件材料、刀具和机床的性能选择适当的切削参数。另外,还要考虑零件的装夹、定位、排屑以及检验等方式,一般参考相应的手册和技术资料进行。数控程序的编制,涉及机床坐标系、零点、刀具半径补偿、走刀路径以及切削参数等多方面的规划,此方面的内容将在以后章节中详细介绍。

3.1.3　数控加工的对象

　　数控机床的应用范围正在不断扩大,但不是所有的零件都适宜在数控机床上加工。零件的加工具体是采用数控机床加工,还是采用普通或专用机床加工,与被加工零件本身的复杂程度、生产批量和加工成本有关。简单地说,是否采用数控机床进行加工,主要取决于零件的复杂程度;而是否采用专用机床进行加工,主要取决于零件的生产批量,如图 3.2 所示。不同类型的机床,随着被加工零件的生产批量的变化,其生产成本的变化幅度也分别呈现不同的趋势,总体来说,随生产批量的增加,普通机床的生产成本增加幅度最大,专用机床次之,数控机床最小,如图 3.3 所示。而这些因素,都会影响到数控机床加工内容的确定。

　　根据数控加工的优缺点及国内外大量应用实践,一般可按适应程度将零件分为以下3 类。

(1)最适应类

　　①形状复杂,加工精度要求高,用通用机床无法加工或虽然能加工但很难保证产品质量的零件。

　　②用数学模型描述复杂曲线或曲面轮廓的零件。

　　③具有难测量、难控制进给、难控制尺寸的不开敞内腔的壳体或盒形零件。

　　④必须在一次装夹中合并完成铣、镗、锪、铰或攻螺纹等多工序的零件。

　　对于上述零件,可先不要过多地考虑生产率与经济上是否合理,而应考虑能不能把它们

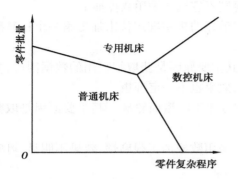 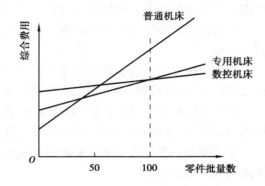

图 3.2　生产批量及零件复杂程度与机床选择的关系　　图 3.3　不同机床生产成本与生产批量的关系

加工出来,要着重考虑可能性问题。只要有可能,都应把对其进行数控加工作为优选方案。

（2）较适应类

①在通用机床上加工时极易受人为因素（如技术水平高低、体力强弱、情绪波动等）干扰,零件价值又高,一旦质量失控便会造成重大经济损失的零件。

②在通用机床上加工时必须制造复杂的专用工装的零件。

③需要多次更改设计后才能定型的零件。

④在通用机床上加工需要做长时间调整的零件。

⑤用通用机床加工时,生产率很低或体力劳动强度很大的零件。

这类零件在首先分析其可加工性后,还要在提高生产率及经济效益方面作全面衡量,一般可把它们作为数控加工的主要选择对象。

（3）不适应类

①生产批量大的零件（当然不排除其中个别工序用数控机床加工）。

②装夹困难或完全靠找正定位才能保证加工精度的零件。

③加工余量很不稳定,且数控机床上无在线检测系统可自动调整零件坐标位置的。

④必须用特定的工艺装备协调加工的零件。

因为上述零件采用数控加工后,在生产效率与经济性方面一般无明显改善,更有可能弄巧成拙或得不偿失,故此类零件一般不应作为数控加工的选择对象。参考上述数控加工的适应性,就可根据本单位拥有的数控机床来选择加工对象,或根据零件类型来考虑哪些应该先安排数控加工,或从技术改造角度考虑,是否要投资添置数控机床。

当选择并决定某个零件进行数控加工后,并不等于要把所有的加工内容都包下来,而可能只是其中的一部分进行数控加工。因此,必须对零件图样进行仔细的工艺分析,选择那些最适合、最需要进行数控加工的内容和工序。在选择并作出决定时,应结合本单位的实际,立足于解决难题、攻克关键和提高生产效率,充分发挥数控加工的优势。在选择时,一般可按以下顺序考虑:

①通用机床无法加工的内容应作为优先选择内容。

②通用机床难加工,质量也难以保证的内容应作为重点选择内容。

③通用机床加工效率低,工人手工操作劳动强度大的内容,可在数控机床尚存在富余能力的基础上进行选择。

一般来说,上述这些加工内容采用数控加工后,在产品质量、生产率与综合经济效益等方

33

面都会得到明显提高。相比之下,以下一些加工内容则不宜选择采用数控加工:

①需要通过较长时间占机调整的加工内容,如以毛坯的粗基准定位来加工第一个精基准的工序等。

②必须按专用工装协调的孔及其他加工内容。其主要原因是获取编程用的数据困难,并且采用数控加工协调需要专用工装协调的加工内容,效果也不一定理想。

③按某些特定的制造依据(如样板、样件、模胎等)加工的型面轮廓。其主要原因是取数据难,易与检验依据发生矛盾,增加编程难度。

④不能在一次安装中加工完成的其他零星部位,采用数控加工很麻烦,效果不明显,可安排通用机床补充加工。

此外,在选择和决定加工内容时,也要考虑生产批量、生产周期以及工序间周转情况等。总之,要尽量做到合理,达到多、快、好、省的目的,要防止把数控机床降格为通用机床使用。

3.2　数控加工的工艺分析方法

工艺分析是数控加工编程的前期工艺准备工作,无论是手工编程还是自动编程,在编程之前均需对所加工的零件进行工艺分析。若工艺分析考虑不周,往往会造成工艺设计不合理,从而引起编程工作反复,工作量成倍增加,有时还会发生推倒重来的现象,造成一些不必要的损失,严重者甚至还会造成数控加工差错。因此,全面合理的工艺分析是进行数控编程的重要依据和保证。

数控加工工艺性分析涉及面很广,如零件的材料、形状、尺寸、精度、表面粗糙度及毛坯形状、热处理要求等。归纳起来,它主要包括产品的零件图样分析与结构工艺性分析两部分。

3.2.1　数控加工零件图样分析

首先应熟悉零件在产品中的作用、位置、装配关系和工作条件,搞清楚各项技术要求对零件装配质量和使用性能的影响,找出主要的和关键的技术要求,然后对零件图样进行分析。

(1)尺寸标注方法分析

零件图样上尺寸标注方法应适应数控加工的特点。如图3.4(a)所示,在数控加工零件图样上,应以同一基准标注尺寸或直接给出坐标尺寸。这种标注方法既便于编程,又有利于设计基准、工艺基准、测量基准及编程原点的统一。由于零件设计人员一般在尺寸标注中较多地考虑装配等使用方面特性,而不得不采用如图3.4(b)所示的局部分散的标注方法,这样就给工序安排和数控加工带来诸多不便。由于数控加工精度和重复定位精度都很高,不会因产生较大的累积误差而破坏零件的使用特性,因此,可将局部的分散标注法改为同一基准标注或直接给出坐标尺寸的标注法。

(2)零件图样的完整性与正确性分析

构成零件轮廓的几何元素(点、线、面)的条件(如相切、相交、垂直和平行等),是数控编程的重要依据。手工编程时,要依据这些条件计算每一个节点的坐标;自动编程时,则要根据这些条件才能对构成零件的所有几何元素进行定义,无论哪一个条件不明确,编程都无法进行。因此,在分析零件图样时,务必要分析几何元素的给定条件是否充分,发现问题应及时与

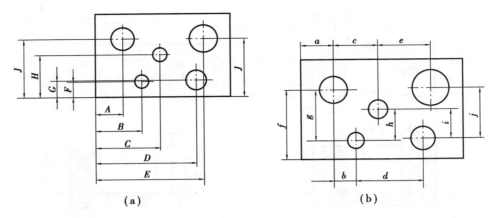

图 3.4　零件尺寸标注方法

设计人员协商解决。

（3）零件技术要求分析

零件的技术要求主要是指尺寸精度、形状精度、位置精度、表面粗糙度及热处理等。这些要求在保证零件使用性能的前提下，应经济合理。过高的精度和表面粗糙度要求会使工艺过程复杂、加工困难、成本提高。

（4）零件材料分析

在满足零件功能的前提下，应选用廉价、切削性能好的材料。而且，材料选择应立足国内，不要轻易选用贵重或紧缺的材料。

3.2.2　零件的结构工艺性分析

零件的结构工艺性是指所设计的零件在满足使用要求的前提下制造的可行性和经济性。良好的结构工艺性，可使零件加工容易，节省工时和材料。而较差的零件结构工艺性，会使加工困难，浪费工时和材料，有时甚至无法加工。因此，零件各加工部位的结构工艺性应符合数控加工的特点。

（1）零件的内腔和外形应采用统一的几何类型和尺寸

零件的内腔和外形最好采用统一的几何类型和尺寸，这样可减少刀具规格和换刀次数，使编程方便，提高生产效率。

（2）零件的内槽圆角半径结构工艺性要好

内槽圆角的大小决定着刀具直径的大小，故内槽圆角半径不应太小。对于如图 3.5 所示零件，其结构工艺性的好坏与被加工轮廓的高低、转角圆弧半径的大小等因素有关。

图 3.5（b）与图 3.5（a）相比，转角圆弧半径大，可采用较大直径的立铣刀来加工；加工平面时，进给次数也相应减少，表面加工质量也会好一些，因而结构工艺性较好。而 $R<0.2H$ 时，可以判定零件该部位的结构工艺性不好。

（3）零件的槽底圆角半径设计应符合工艺要求

零件铣槽底平面时，槽底圆角半径 r 不要过大。如图 3.6 所示，铣刀端面刃与铣削平面的最大接触直径 $d=D-2r$（D 为铣刀直径）。当 D 一定时，r 越大，铣刀端面刃铣削平面的面积越小，加工平面的能力就越差，效率越低，工艺性也越差。当 r 大到一定程度时，甚至必须用球

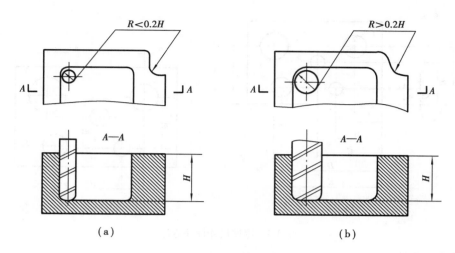

图 3.5　内槽零件的结构工艺性

头铣刀加工,这是应该尽量避免的。

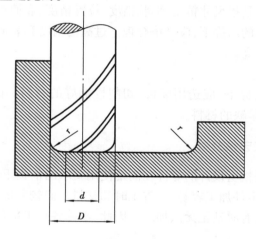

图 3.6　槽底平面圆弧对铣削加工的影响

(4)应采用统一的基准定位

在数控加工中若没有统一的定位基准,则会因工件的二次装夹而造成加工后两个面上的轮廓位置及尺寸不协调。另外,零件上最好有合适的孔作为定位基准孔。若没有,则应设置工艺孔作为定位基准孔。若无法制出工艺孔,最起码也要用精加工表面作为统一基准,以减少二次装夹产生的误差。此外,还应分析零件所要求的加工精度、尺寸公差等是否可以得到保证,有没有引起矛盾的多余尺寸或影响加工安排的封闭尺寸等。

(5)注意零件设计的合理性

为提高工艺效率,采用数控加工必须注意零件设计的合理性。必要时,还应在基本不改变零件性能的前提下,从以下 5 个方面着手,对零件的结构形状与尺寸进行修改:

①尽量使工序集中,以充分发挥数控机床的特点,提高精度与效率。

②有利于采用标准刀具、减少刀具规格与种类。

③简化程序,减少编程工作量。

④减少机床调整,缩短辅助时间。

⑤保证定位刚度与刀具刚度,以提高加工精度。

表 3.1 是对一些零件的原始设计进行修改以适应数控加工的实例。

表 3.1　为适合数控加工,零件结构改进实例

序号	提高工艺性方法	改进前结构	改进后结构	结果说明
1	使槽和空刀规范化			减少刀具尺寸规格
2	改进凹槽形状			减少刀具数目
3	将键槽分布在同一个平面上			缩短辅助时间,减少调整
4	减少凸台高度			可采用刚度好的刀具加工,提高精度和生产效率
5	统一圆弧尺寸			减少刀具数和更换刀具次数
6	采用两面对称结构			减少编程时间
7	简化结构,布筋标准化			减少程序准备时间
8	改进尺寸比例			可采用刚度好的刀具加工,提高精度和生产效率

上述分析了数控加工工艺性分析的一般方法,各种数控加工方法还有它特殊的地方,将在后续章节中详细介绍各种数控加工工艺性分析方法。

3.3 数控加工的工艺路线设计

工艺路线的拟订是制订工艺规程的重要内容之一。其主要内容包括选择各加工表面的加工方法、划分加工阶段、划分工序以及安排工序的先后顺序等。设计者应根据从生产实践中总结出来的一些综合性工艺原则,结合工厂的实际生产条件,提出几种方案,通过对比分析,从中选择最佳方案。

3.3.1 选择加工方法

机械零件的结构形状是多种多样的,但它们都是由平面、外圆柱面、内圆柱面或曲面、成型面等基本表面组成的。每一种表面都有多种加工方法,具体选择时应根据零件的加工精度、表面粗糙度、材料、结构形状、尺寸及生产类型等因素,选用相应的加工方法和加工方案。

（1）外圆表面加工方法的选择

外圆表面的主要加工方法是车削和磨削。当表面粗糙度要求较高时,还要经光整加工。外圆表面的加工方案如图 3.7 所示。

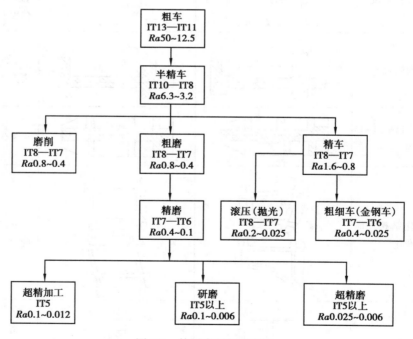

图 3.7　外圆表面加工方案

①最终工序为车削的加工方案,适用于除淬火钢以外的各种金属。

②最终工序为磨削的加工方案,适用于淬火钢、未淬火钢和铸铁,不适用于有色金属,因为有色金属韧性大,磨削时易堵塞砂轮。

③最终工序为精细车或金刚车的加工方案,适用于要求较高的有色金属的精加工。

④最终工序为光整加工,如研磨、超精磨及超精加工等,为提高生产效率和加工质量,一般在光整加工前进行精磨。

⑤对表面粗糙度要求高,而尺寸精度要求不高的外圆,可采用滚压或抛光。

（2）内孔表面加工方法的选择

内孔表面加工方法选择原则:内孔表面加工方法有钻孔、扩孔、铰孔、镗孔、磨孔及光整加工。如图 3.8 所示为常用的孔加工方案,应根据被加工孔的加工要求、尺寸、具体生产条件、批量的大小及毛坯上有无预制孔等情况合理选用。

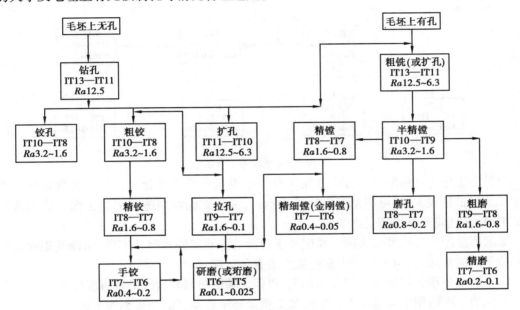

图 3.8　内圆表面加工方案

①加工精度为 IT9 级的孔,当孔径小于 10 mm 时,可采用钻—铰方案;当孔径小于 30 mm 时,可采用钻—扩方案;当孔径大于 30 mm 时,可采用钻—镗方案。工件材料为淬火钢以外的各种金属。

②加工精度为 IT8 级的孔,当孔径小于 20 mm 时,可采用钻—铰方案;当孔径大于 20 mm 时,可采用钻—扩—铰方案,此方案适用于加工淬火钢以外的各种金属,但孔径应在 20～80 mm,此外也可采用最终工序为精镗或拉削的方案。淬火钢可采用磨削加工。

③加工精度为 IT7 级的孔,当孔径小于 12 mm 时,可采用钻—粗铰—精铰方案;当孔径在 12～60 mm 时,可采用钻—扩—粗铰—精铰方案或钻—扩—拉方案。若毛坯上已铸出或锻出孔,可采用粗镗—半精镗—精镗方案或粗镗—半精镗—磨孔方案。最终工序为铰孔,适用于未淬火钢或铸铁,对有色金属铰出的孔表面粗糙度较大,常用精细镗孔替代铰孔。最终工序为拉孔的方案适用于大批量生产,工件材料为未淬火钢、铸铁和有色金属。最终工序为磨孔的方案适用于加工除硬度低、韧性大的有色金属以外的淬火钢、未淬火钢及铸铁。

④加工精度为 IT6 级的孔,最终工序采用手铰、精细镗、研磨或珩磨等均能达到要求,视具体情况选择。韧性较大的有色金属不宜采用珩磨,可采用研磨或精细镗。研磨对大、小直径孔的加工均适用,而珩磨只适用于大直径孔的加工。

（3）平面加工方法的选择

平面加工的主要方法有铣削、刨削、车削、磨削及拉削等。精度要求高的平面还需要经研磨或刮削加工。常见平面加工方案如图 3.9 所示。其中，尺寸公差等级是指平行平面之间距离尺寸的公差等级。

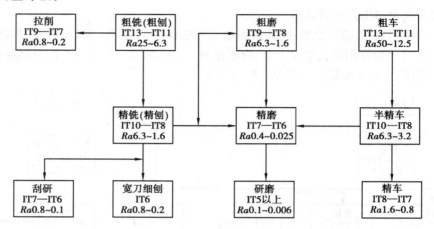

图 3.9　平面加工方案

①最终工序为刮研的加工方案多用于单件小批量生产中配合表面要求高且非淬硬平面的加工。当批量较大时，可用宽刀细刨代替刮研，宽刀细刨特别适用于加工像导轨面这样的狭长平面，并且能显著提高生产效率。

②磨削适用于直线度及表面粗糙度要求较高的淬硬工件和薄片工件、未淬硬钢件上面积较大的平面的精加工，但不宜加工塑性较大的有色金属。

③车削主要用于回转零件端面的加工，以保证端面与回转轴线的垂直度要求。

④拉削平面适用于大批量生产中的加工质量要求较高且面积较小的平面。

⑤最终工序为研磨的方案适用于精度高、表面粗糙度要求高的小型零件的精密平面，如量规等精密量具的表面。

（4）平面轮廓和曲面轮廓加工方法的选择

1）平面轮廓加工方法的选择

平面轮廓常用的加工方法有数控铣、线切割及磨削等。对如图 3.10（a）所示的内平面轮廓，当曲率半径较小时，可采用数控线切割方法加工。若选择铣削的方法，因铣刀直径受最小曲率半径的限制，直径太小，刚性不足，会产生较大的加工误差。对如图 3.10（b）所示的外平面轮廓，可采用数控铣削方法加工，常用"粗铣—精铣"方案，也可采用数控线切割标准方法加工。对精度及表面粗糙度要求较高的轮廓表面，在数控铣削加工之后，再进行数控磨削加工。数控铣削加工适用于除淬火钢以外的各种金属，数控线切割加工可用于各种金属，数控磨削加工适用于除有色金属以外的各种金属。

2）曲面轮廓加工方法的选择

立体曲面加工方法主要是数控铣削，多用球头铣刀，以"行切法"加工，如图 3.11 所示。根据曲面形状、刀具形状以及精度要求等通常采用两轴半联动或三轴半联动。对精度和表面粗糙度要求高的曲面，当用三轴联动的"行切法"加工不能满足要求时，可用模具铣刀，选择四坐标或五坐标联动加工。

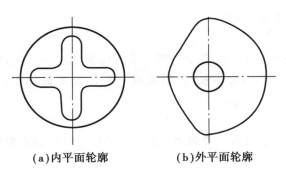

　　(a)内平面轮廓　　　　　　(b)外平面轮廓

图 3.10　平面轮廓零件

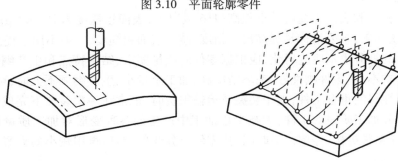

图 3.11　三维曲面的铣削加工

　　表面加工的方法选择,除了考虑加工质量、零件的结构形状和尺寸、零件的材料和硬度以及生产类型外,还要考虑加工的经济性。

　　各种表面加工方法所能达到的精度和表面粗糙度都有一个相当大的范围。当精度达到一定程度后,要继续提高精度,成本会急剧上升。例如,外圆车削,将精度从 IT7 级提高到 IT6级,此时需要价格较高的金刚石车刀,很小的背吃刀量和进给量,增加了刀具费用,延长了加工时间,大大地增加了加工成本。对于同一表面加工,采用的加工方法不同,加工成本也不一样。例如,公差为 IT7 级、表面粗糙度 Ra 值为 0.4 μm 的外圆表面,采用精车就不如采用磨削经济。

　　任何一种加工方法获得的精度只在一定范围内才是经济的,这种一定范围内的加工精度即为该加工方法的经济精度。它是指在正常加工条件下(采用符合质量标准的设备、工艺装备和标准等级的工人,不延长加工时间)所能达到的加工精度,相应的表面粗糙度称为经济粗糙度。在选择加工方法时,应根据工件的精度要求选择与经济精度相适应的加工方法。

　　常用加工方法的经济精度及表面粗糙度,可查阅有关工艺手册。

3.3.2　划分加工阶段

(1)划分加工阶段的原则

　　当零件的加工质量要求较高时,往往不可能用一道工序来满足其要求,而要用几道工序逐步达到所要求的加工质量。为保证加工质量和合理地使用设备、人力,零件的加工过程通常按工序性质不同,可分为粗加工、半精加工、精加工及光整加工 4 个阶段。

　　1)粗加工阶段

　　粗加工阶段的任务是切除毛坯上大部分多余的金属,使毛坯在形状和尺寸上接近零件成品,因此,主要目标是提高生产率。

2)半精加工阶段

半精加工阶段的任务是使主要表面达到一定的精度,留有一定的精加工余量,为主要表面的精加工(如精车、精磨)做好准备,并可完成一些次要表面加工,如扩孔、攻螺纹、铣键槽等。

3)精加工阶段

精加工阶段的任务是保证各主要表面达到规定的尺寸精度和表面粗糙度要求,主要目标是全面保证加工质量。

4)光整加工阶段

对零件上精度和表面粗糙度要求很高(IT6级以上,表面粗糙度为 $Ra\ 0.2\ \mu m$ 以下)的表面,需进行光整加工,主要目标是提高尺寸精度、减小表面粗糙度,一般不用来提高位置精度。

加工阶段的划分也不应绝对化,应根据零件的质量要求、结构特点和生产纲领灵活掌握。对加工质量要求不高、零件刚性好、毛坯精度高、加工余量小、生产纲领不大时,可不必划分加工阶段。对刚性好的重型工件,由于装夹及运输很费时时,也常在一次装夹下完成全部粗、精加工。对于不划分加工阶段的工件,为减少粗加工中产生的各种变形对加工质量的影响,在粗加工后,应松开夹紧机构,停留一段时间,让零件充分变形,然后再用较小的夹紧力重新夹紧,进行精加工。

(2)划分加工阶段的目的

1)保证加工质量

零件在粗加工时,切除的金属层较厚,切削力和夹紧力都比较大,切削温度也比较高,将会引起较大的变形。如果不划分加工阶段,粗、精加工混在一起,就无法避免上述原因引起的加工误差。按加工阶段加工,粗加工造成的加工误差可以通过半精加工和精加工来纠正,从而保证零件的加工质量。

2)合理使用设备

粗加工余量大,切削量大,可采用功率大、刚度好、效率高而精度低的机床。精加工切削力小,对机床破坏小,采用高精度机床。这样发挥了设备的各自特点,既能提高生产率,又能延长精密设备的使用寿命。

3)便于及时发现毛坯缺陷

对毛坯的各种缺陷,如铸件的气孔、夹砂和余量不足等,在粗加工后即可发现,便于及时修补或决定报废,以免继续加工下去,造成浪费。

4)便于安排热处理工序

如粗加工后,一般要安排去应力热处理,以消除内应力。精加工前要安排淬火等最终热处理,其变形可以通过精加工予以消除。

在数控加工的工艺路线设计中,工序的划分和安排是非常重要的,在工序设计中,涉及每一道工序的具体内容、切削用量、工艺装备、定位夹紧装置及刀具运动轨迹等,这些是后续数控编程的工艺基础。如前文所述,在普通机床上加工零件的工艺实际上只是一个工艺过程卡,机床加工的切削用量、走刀路线、工序的具体安排,往往都是由操作工人自行确定。而数控加工是按照程序进行加工的。因此,加工中的所有工序、工步,每道工序的切削用量、走刀路线、加工余量,以及所用刀具的尺寸、类型等都要预先确定好并编入程序中。为此,要求一个合格的编程员首先应该是一个很好的工艺员,并对数控机床的性能、特点、切削规范和标准刀具系统等非常熟悉,否则就无法做到全面、周到地考虑零件加工的全过程,无法正确、合理地确定零件加工程序。

3.4　数控加工的工序设计

当数控加工工艺路线设计完成后,每一道数控加工工序的内容已基本确定,接下来便可进行数控加工工序的设计。数控加工工序设计的主要任务是拟订本工序的具体加工内容、确定加工余量和切削用量、定位夹紧方式及刀具运动轨迹,选择刀具、夹具、量具等工艺装备,为编制加工程序作好充分准备。

3.4.1　工序划分、加工余量的选择与工序尺寸确定

(1)工序划分
1)工序划分的原则
工序的划分通常采用两种不同原则,即工序集中原则和工序分散原则。
①工序集中原则
工序集中原则是指每道工序包括尽可能多的加工内容,从而使工序的总数减少。
采用工序集中原则的优点是:有利于采用高效的专用设备和数控机床,提高生产效率;减少工序数目,缩短工艺路线,简化生产计划和生产组织工作;减少机床数量、操作工人数和占地面积;减少工件装夹次数,不仅保证了各加工表面间的相互位置精度,而且减少了夹具数量和装夹工件的辅助时间。但专用设备和工艺装备投资大、调整维修比较麻烦、生产准备周期较长,不利于转产。
②工序分散原则
工序分散原则是指将工件的加工分散在较多的工序内进行,每道工序的加工内容很少。
采用工序分散原则的优点是:加工设备和工艺装备结构简单,调整和维修方便,操作简单,转产容易;有利于选择合理的切削用量,减少机动时间。但工艺路线较长,所需设备及工人人数多,占地面积大。
在数控机床上特别是在加工中心上加工零件,工序十分复杂,许多零件只需在一次装夹中就能完成全部工序,即更多的数控工艺路线的安排趋向于工序集中。但是,一方面零件的粗加工,特别是铸锻毛坯零件的基准面、定位面等部位的加工,应在普通机床上加工完成后,再装夹到数控机床上进行加工。这样可以发挥数控机床的特点,保持数控机床的精度,延长数控机床的使用寿命,降低数控机床的使用成本。经过粗加工或半精加工的零件装夹到数控机床上之后,数控机床按照规定的工序一步一步地进行半精加工和精加工。另一方面考虑到生产纲领、所用设备及零件本身的结构和技术要求等,单件小批量生产时,通常采用工序集中原则。成批生产时,可按工序集中原则划分,也可按工序分散原则划分,应视具体情况而定;对于结构尺寸和质量都很大的重型零件,应采用工序集中原则,以减少装夹次数和运输量。对于刚性差、精度高的零件,应按工序分散原则划分。

2）工序划分的方法

在数控机床上加工零件的工序划分方法如下：

①刀具集中分序法

该法是按所用刀具划分工序，用同一把刀完成零件上所有可完成的部位。再用第二把刀、第三把刀完成它们可完成的部位。这样可减少换刀次数，压缩空行程时间，减少不必要的定位误差。

②粗、精加工分序法

对单个零件要先粗加工、半精加工，而后精加工。对于一批零件，先全部进行粗加工、半精加工，最后再进行精加工。粗、精加工之间，最好隔一段时间，以使粗加工后零件的变形得到充分的恢复，再进行精加工，以提高零件的加工精度。

③按加工部位分序法

一般先加工平面、定位面，后加工孔；先加工简单的几何形状，再加工复杂的几何形状；先加工精度较低的部位，再加工精度要求较高的部位。

总之，在数控机床上加工零件，加工工序的划分要根据加工零件的具体情况具体分析。许多工序的安排是按上述分序法综合安排的。

（2）加工余量的选择

在选择好毛坯，拟订出机械加工工艺路线之后，就可确定加工余量并计算各工序的工序尺寸。余量大小与加工成本、质量有密切关系。余量过小，会使前一道工序的缺陷得不到修正，造成废品，从而影响加工质量和成本。余量过大，不仅浪费材料，而且要增加切削工时，增大刀具的磨损与机床的负荷，从而使加工成本增加。

1）工序余量和总余量的概念

在机械加工过程中，为了使毛坯变成成品而从加工表面上切去的一层金属称为总余量。为完成某一工序所必须切除的一层金属称为工序余量。工序完成后的工件尺寸称为工序尺寸。对于回转表面（外圆和内孔）而言，加工余量是在直径上考虑的，即所切除的金属层厚度是加工余量的一半，这种余量称为双边余量，如图3.12所示。而平面加工所切除的金属层厚度和余量是相等的，称为单边余量，如图3.13所示。

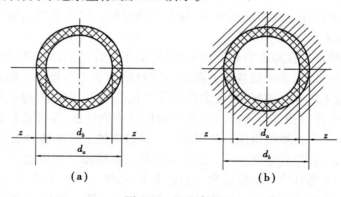

（a）　　　　　　　　　　（b）

图3.12　双边余量

2）确定加工余量的方法

确定加工余量的方法一般有以下3种：

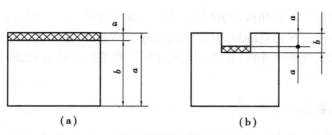

图 3.13　单边余量

①分析计算法

它是以一定的试验资料和计算公式,对影响加工余量的各项因素进行分析和综合计算来确定加工余量的方法。用它来确定加工余量经济合理,但需要积累较全面的试验资料,而且计算过程也比较复杂,目前使用较少。

②查表修正法

它是以生产实践和各种试验研究积累的有关加工余量的资料数据为基础,并结合实际加工情况来确定加工余量的方法,应用较广泛。查表时,应注意表中的数据是公称值,对称表面是加工余量的双边值,非对称表面是加工余量的单边值。

③经验估算法

它是根据工艺人员的实践经验来确定加工余量的方法。此方法不太准确,多用于单件小批生产。

(3)工序尺寸确定

由于在毛坯制造和各工序加工中都不可避免地存在误差,因而使实际的加工余量成为一个变值。由图 3.14 可知,对于外表面来说,公称余量 z 是上工序和本工序基本尺寸(公称尺寸)之差。由手册中查出的加工余量,一般都是指公称余量。最小余量 $z_{\min}$ 是上工序最小工序尺寸和本工序最大工序尺寸之差;最大余量 $z_{\max}$ 是上工序最大工序尺寸和本工序最小工序尺寸之差。对于内表面情况正好相反。工序余量的变动范围等于上工序尺寸公差 δ_a 与本工序尺寸公差 δ_b 之和。工序尺寸的公差,一般规定按"入体"原则标注。对被包容表面,基本尺寸即是最大工序尺寸;而对包容表面,基本尺寸即是最小工序尺寸,毛坯尺寸公差一般采用双向标注。

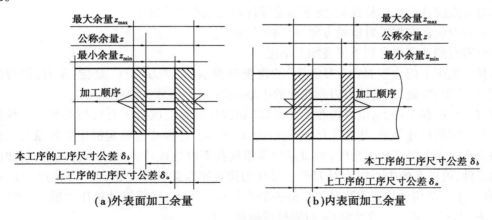

图 3.14　加工余量及工序尺寸公差

在零件的机械加工过程和机器装配过程中,经常会遇到一些相互有联系的尺寸组合。这些相互联系且按一定顺序排列的封闭尺寸组合,称为尺寸链,在零件的机械加工工艺过程中,由有关工序尺寸所组成的尺寸链,称为工艺尺寸链。有关尺寸链方面的问题可参考机制工艺方面的文献资料。

3.4.2　走刀路线的确定

走刀路线是刀具在整个加工工序中相对于零件的运动轨迹,它不仅包括了工步的内容,也反映出工步的顺序。走刀路线是编写程序的依据之一。因此,在确定走刀路线时最好画一张工序简图,将已经拟订出的走刀路线画上去(包括进、退刀路线),这样可为编程带来不少方便。

工步顺序是指同一道工序中,各个表面加工的先后次序。它对零件的加工质量、加工效率和数控加工中的走刀路线有直接影响,应根据零件的结构特点和工序的加工要求等合理安排。工步的划分与安排,一般可随走刀路线来进行,在确定走刀路线时,主要遵循以下原则:

①应能保证零件的加工精度和表面粗糙度要求。

②应使走刀路线最短,减少刀具空行程时间,提高加工效率。

③合理安排粗加工和精加工路线。

④应使数值计算简单,程序段数量少,以减少编程工作量。

各种数控加工机床的走刀路线具体确定方法,以及怎样满足上述原则将在以后的各章节中具体阐述。

3.4.3　对刀点与换刀点的确定

在编程时,应正确地选择"对刀点"和"换刀点"的位置。"对刀点"就是在数控机床上加工零件时,刀具相对于工件运动的起始点。由于程序段从该点开始执行,故对刀点又称为"程序起点"或"起刀点"。对刀点选定后,便确定了机床坐标系与零件坐标系之间的相互位置关系。

对刀点往往就选择在零件的加工原点。对刀点的选择原则如下:

①所选的对刀点应使程序编制简单。

②对刀点应选择在容易找正、便于确定零件加工原点的位置。

③对刀点应选在加工时检验方便、可靠的位置。

④对刀点的选择应有利于提高加工精度。

刀具在机床上的位置是由"刀位点"的位置来表示的。"刀位点"是指:车刀、镗刀的刀尖;钻头的钻尖;立铣刀、端铣刀刀头底面的中心,球头铣刀的球头中心。

对刀点可选在工件上,也可选在工件外面(如选在夹具上或机床上),但必须与零件的定位基准有一定的尺寸关系,如图 3.15 所示中的 X_0 和 Y_0,这样才能确定机床坐标系与工件坐标系的关系。为了提高加工精度,对刀点应尽量选在零件的设计基准或工艺基准上,如以孔定位的工件,可选孔的中心作为对刀点。刀具的位置则以此孔来找正,使"刀位点"与"对刀点"重合。工厂常用的找正方法是将千分表装在机床主轴上,然后转动机床主轴,以使"刀位点"与"对刀点"一致。一致性越好,对刀精度越高。

零件安装后,工件坐标系与机床坐标系就有了确定的尺寸关系。在工件坐标系设定后,从对刀点开始的第一个程序段的坐标值就是对刀点在机床坐标系中的坐标值(X_0,Y_0)。当按绝对值编程时,不管对刀点与工件原点是否重合,都是 X_2、Y_2。当按增量值编程时,对刀点与工件原点重合时,第一个程序段的坐标值是 X_2、Y_2;不重合时,则为(X_1+X_2)、(Y_1+Y_2)。

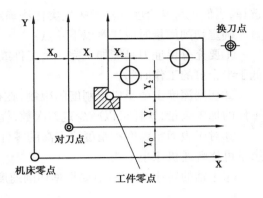

图 3.15　对刀点和换刀点

　　对刀点既是程序的起点,也是程序的终点,因此,在成批生产中要考虑对刀点的重复精度,该精度可用对刀点相距机床原点的坐标值(X_0,Y_0)来校核。所谓"机床原点",是指机床上一个固定不变的极限点。例如,对车床而言,是指车床主轴回转中心与车床卡盘端面的交点。

　　对数控车床、镗铣床、加工中心等多刀加工机床,加工过程中需要换刀时,应规定换刀点。所谓"换刀点",是指刀架转位换刀时的位置,该点可以是某一固定点(如加工中心机床,其换刀机械手的位置是固定的),也可以是任意的一点(如车床)。换刀点应设在工件或夹具的外部,以刀架转位时不碰工件及其他部件为准。

3.4.4　数控加工刀具的选择

　　数控机床具有高速、高效的特点。一般数控机床,其主轴转速要比普通机床主轴转速高 1~2 倍。因此,数控机床用的刀具比普通机床用的刀具要求严格得多。刀具的强度和耐用度是人们十分关注的问题,近年来一些新刀具相继出现,使机械加工工艺得到了不断更新和改善。选用刀具时应注意以下 7 点:

　　①在数控机床上铣削平面时,应采用镶装不重磨可转位硬质合金刀片的铣刀。一般采用两次走刀,一次粗铣,一次精铣。当连续切削时,粗铣刀直径要小一些,精铣刀直径要大一些,最好能包容待加工面的整个宽度。加工余量大,且加工面又不均匀时,刀具直径要选得小些,否则当粗加工时会因接刀刀痕过深而影响加工质量。

　　②高速钢立铣刀多用于加工凸台和凹槽,最好不要用于加工毛坯面,因为毛坯面有硬化层和夹砂现象,刀具会很快被磨损。

　　③加工余量较小,并且要求表面粗糙度较低时,应采用镶立方氮化硼刀片的端铣刀或镶陶瓷刀片的端铣刀。

　　④镶硬质合金的立铣刀可用于加工凹槽、窗口面、凸台面和毛坯表面。

　　⑤镶硬质合金的玉米铣刀可进行强力切削,铣削毛坯表面和用于孔的粗加工。

　　⑥精度要求较高的凹槽加工时,可采用直径比槽宽小一些的立铣刀,先铣槽的中间部分,然后利用刀具半径补偿功能铣削槽的两边,直到达到精度要求为止。

　　⑦在数控铣床上钻孔,一般不采用钻模,加工钻孔深度为直径的 5 倍左右的深孔时容易折断钻头,钻孔时应注意冷却和排屑。钻孔前最好先用中心钻钻一个中心孔或用一个刚性好的短钻头锪窝引正。锪窝除了可解决毛坯表面钻孔引正问题外,还可代替孔口倒角。

3.4.5　切削用量的确定

　　确定数控机床的切削用量时一定要根据机床说明书中规定的要求,以及刀具的耐用度来选择,当然也可结合实际经验采用类比法确定。

确定切削用量时应注意以下 4 点:

①要充分保证刀具能加工完一个工件或保证刀具的耐用度不低于一个工作班,最少也不低于半个班的工作时间。

②切削深度主要受机床刚度的限制,在机床刚度允许的情况下,尽可能使切削深度等于工件的加工余量,这样可以减少走刀次数,提高加工效率。

③对于表面粗糙度和精度要求高的零件,要留有足够的精加工余量。数控机床的精加工余量可比普通机床小一些。

④主轴的转速 $S(\mathrm{r/min})$ 要根据切削速度 $v(\mathrm{m/min})$ 来选择,即

$$v = \frac{\pi SD}{1\ 000}$$

式中　D——工件或刀具直径,mm;

v——切削速度,由刀具耐用度决定。

⑤进给速度 $f(\mathrm{mm/min})$ 是数控机床切削用量中的重要参数,可根据工件的加工精度和表面粗糙度要求,以及刀具和工件材料的性质选取。

具体各种加工方法的切削用量的确定将在以后的各章节中具体说明。

3.4.6　工件装夹方式与夹具的选择

数控机床上应尽量采用组合夹具,必要时可设计专用夹具。无论是采用组合夹具还是设计专用夹具,一定要考虑数控机床的特点。在数控机床上加工工件,由于工序集中,往往是在一次装夹中就要完成全部工序,因此,对夹紧工件时的变形要给予足够的重视。此外,还应注意协调工件与机床坐标系的关系。设计专用夹具时,应注意以下 3 点:

(1)选择合适的定位方式

夹具在机床上安装位置的定位基准应与设计基准一致,即所谓基准重合原则。所选择的定位方式应具有较高的定位精度,没有过定位干涉现象且便于工件的安装。为了便于夹具或工件的安装找正,最好以工作台某两个面定位。对于箱体类工件,最好采用一面两销定位。若工件本身无合适的定位孔和定位面,可以设置工艺基准面和工艺用孔。

(2)确定合适的夹紧方法

考虑夹紧方案时,要注意夹紧力的作用点和方向。夹紧力作用点应靠近主要支撑点或在支撑点所组成的三角形内,应力求靠近切削部位及刚性较好的地方。

(3)夹具结构要有足够的刚度和强度

夹具的作用是保证工件的加工精度,因此要求夹具必须具备足够的刚度和强度,以减小其变形对加工精度的影响。特别对于切削用量较大的工序,夹具的刚度和强度更为重要。

3.5　数控加工的工艺文件

编写数控加工工艺文件不仅是数控加工的依据、产品验收依据,也是需要操作者遵守、执行的规程;有的则是加工程序的具体说明或附加说明,目的是让操作者更加明确程序的内容、

安装与定位方式、各个加工部位所选用的刀具及其他问题。

为加强技术文件管理,数控加工工艺文件也应该走标准化、规范化的道路,但目前还有较大困难,只能先做到按部门或按单位局部统一。目前,数控加工技术文件主要有数控编程任务书、工件安装和原点设定卡片、数控加工工序卡片、数控加工走刀路线图、数控刀具卡片等。以下提供了常用文件格式,文件格式可根据企业实际情况自行设计。

下面介绍常用的数控加工专用技术文件。

3.5.1 数控加工工序卡

数控加工工序卡与普通加工工序卡有许多相似之处,所不同的是工序简图中应注明编程原点与对刀点,要进行简要编程说明(如所用机床型号、程序编号、刀具半径补偿、镜像对称加工方式等)及切削参数(即程序编入的主轴转速、进给速度、最大背吃刀量或宽度等)的选择。

如图 3.16 所示为某设备支架零件图。由图 3.16 可知,该零件的内外加工轮廓由列表曲线、圆弧及直线构成,形状复杂,普通加工困难大,检测也较困难,故该零件除底平面的铣削宜采用通用铣削加工方法外,其余各部位均可作为数控平面铣削工序的内容。表 3.2 为该零件的精铣轮廓工序卡。

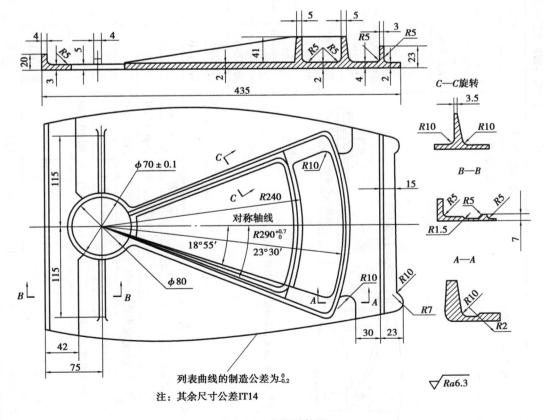

图 3.16 支架零件图

49

表 3.2 支架零件数控精铣轮廓工序卡

数控加工工序卡	零、组件图号	HN03-01	零、组件名称	支架	版次	1	文件编号	xx-xx	第 页
							工序名称	精铣轮廓	共xx页

	工序号	50			
	加工车间	2	材料牌号	LD5	
			设备型号	xxxx	

编程说明及操作

控制机	SINUMERIK7M	切削速度	m/min
控制介质	纸带	主轴速度	800 r/min
程序标记	HN03·01-2	进给速度	500~1 000 mm/min
编程方式	G90	原点编码	G57
镜像加工	无	编程直径	$\phi21 \sim \phi3\ 707.722$
转心距		刀补界限	$R_{max} < 10.5$
对刀高度			

工艺凸耳及定位孔
型面 Z=0
上图 X,Y 轴的交点为编程及对刀重合原点
机床真空平台
过渡真空夹具

工装		名 称	图 号
		过渡真空夹具	ZG311/201
		立铣刀	ZG101/107
		成型铣刀	ZG103/018
		立铣刀	ZG101/106

工步号	工序内容	
1	补铣型面轮廓周边圆边圆角 R5	
2	铣扇形框内外形	
3	铣外形及 φ70 孔	

工艺员	xxx	校对	xxx	审定	xxx	批准	xxx
更改标记		更改单号		更改者/日	xxx	有效批/架次	

3.5.2　数控加工程序说明

实践证明,仅用加工程序单、工艺规程来进行实际加工会有许多不足之处。由于操作者对程序的内容不清楚,对编程人员的意图不够理解,经常需要编程人员在现场说明与指导。因此,对加工程序进行详细说明是很必要的,特别是对于那些需要长时间保存和使用的程序尤其重要。

一般应对加工程序作出说明的主要内容如下:

①所用数控设备型号。

②对刀点(程序原点)及允许的对刀误差。

③零件相对于机床的坐标方向及位置(用简图表述)。

④镜像加工使用的对称轴。

⑤所用刀具的规格、图号及其在程序中对应的刀具号,必须按实际刀具半径或长度补偿的要求(如用同一条程序、同一把刀具作粗加工而利用加大刀具半径补偿值进行时),更换该刀具的程序段号等。

⑥整个程序加工内容的顺序安排(相当于工步内容说明与工步顺序)。

⑦子程序的说明。对程序中编入的子程序应说明其内容。

⑧其他需要作特殊说明的问题,如需要在加工中更换夹紧点(挪动压板)的计划停车程序段号,中间测量用的计划停车程序段号,允许的最大刀具半径和长度补偿值等。

3.5.3　数控加工走刀路线图

在数控加工中,要注意并防止刀具在运动中与夹具、零件等发生意外的碰撞。此外,对有些被加工零件,由于工艺性问题,必须在加工过程中挪动夹紧位置,也需要事先确定在哪个程序段前挪动,夹紧点在零件的什么地方,然后更换到什么地方,需要事先备好夹紧元件等,以防到时候手忙脚乱或出现安全问题。这些用程序说明卡和工序说明卡是难以说明或表达清楚的,如用走刀路线图加以附加说明,效果就会更好。

为简化走刀路线图,一般可采取统一约定的符号来表示。不同的机床可以采用不同图例与格式。表 3.3 为某轴类零件粗车右端外轮廓的走刀路线图。

3.5.4　数控刀具卡片

数控加工时,对刀具的要求十分严格,一般要在机外对刀仪上预先调整刀具直径和长度。刀具卡反映刀具编号、刀具结构、尾柄规格、组合件名称代号、刀片型号及材料等。它是组装刀具和调整刀具的依据。表 3.4 为某零件数控镗削时的镗刀刀具卡。

表 3.3　数控加工的走刀路线卡

数控加工走刀路线图		零件图号	LWZ-01	工序号	1	工步号	2	程序号	%1000
机床型号	CK6132S	程序段号	N1-N8	加工内容	粗车右端外轮廓			共 9 页	第 1 页
								编程	
								校对	
								审批	

符号	⊗	◐	⊙	----- →	——— →
含义	循环点	编程原点	换刀点	快速走刀方向	进给走刀方向

表 3.4　数控刀具卡片

零件图号	J30102-4	数控刀具卡片					使用设备	
刀具名称	镗刀						TC-30	
刀具编号	T13006	换刀方式	自　动	程序编号				
刀具组成	序号	编　号	刀具名称	规　格		数　量	备　注	
	1	T013960	拉钉			1		
	2	390、140-50 50 027	刀柄			1		
	3	391、01-50 50 100	接杆	$\phi50\times100$		1		
	4	391、68-03650 085	镗刀杆			1		
	5	R416.3-122053 25	镗刀组件	$\phi41\sim\phi53$		1		
	6	TCMM110208-52	刀片			2	GC435	

备注						
编制		审校		批准	共　页	第　页

另外,数控加工工艺文件还包括数控编程任务书和数控加工工件安装和原点设定卡等其他工艺文件。数控编程任务书阐明了工艺人员对数控加工工序的技术要求和工序说明,以及数控加工前应保证的加工余量,是编程人员和工艺人员协调工作和编制数控程序的重要依据之一。数控加工工件安装和原点设定卡片又称为装夹图和零件设定卡,它是表示数控加工原点定位方法和夹紧方法,并应注明加工原点设置位置和坐标方向,使用的夹具名称和编号等。

不同的机床或不同的加工目的可能会需要不同形式的数控加工专用技术文件。在工作中,可根据具体情况设计文件格式。

数控加工工艺文件在生产中的作用是指导操作者进行正确加工,同时也对产品质量起保证作用。数控加工工艺文件的编写应同编写工艺规程和加工程序一样认真对待。

习　题

3.1　什么是数控加工工艺？其主要内容是什么？

3.2　试述数控加工工艺的特点。

3.3　数控加工工艺处理有哪些内容？

3.4　哪些类型的零件最适宜在数控机床上加工？零件上的哪些加工内容适宜采用数控加工？

3.5　对数控加工零件作工艺性分析包括哪些内容？

3.6　试述数控机床加工工序划分的原则和方法。与普通机床相比，数控机床工序的划分有何异同？

3.7　在数控工艺路线设计中，应注意哪些问题？

3.8　什么是对刀点、刀位点和换刀点？

3.9　什么是数控加工的走刀路线？确定走刀路线时通常要考虑什么问题？

3.10　选用数控刀具的注意事项有哪些？

3.11　编制数控加工工艺技术文件有何意义？

第 **4** 章

数控加工程序编制基础

4.1 数控加工程序的编制内容及步骤

数控加工程序是驱动数控机床进行加工的指令序列,是数控机床的应用软件。数控编程是数控加工准备阶段的主要内容,包括从零件图纸到获得数控加工程序的全过程。

零件图纸是编制加工程序的基石。编制程序前,必须认真阅读,弄清楚被加工零件的几何形状、尺寸、技术和工艺要求等切削加工的必要信息,然后按数控系统所规定的指令和格式进行程序编制。

因此,编制程序时,首先应了解和熟悉所用数控机床的规格、性能,CNC 系统所具备的功能及编程指令格式等内容。其次应认真分析图纸信息,确定加工方法和加工路线,进行必要的数值计算,获得刀位数据。最后按数控机床规定采用的代码和程序格式,将工件的尺寸、刀具运动轨迹、位移量、切削参数(主轴转速、刀具进给量、切削深度等)以及辅助功能(换刀、主轴正转、反转、冷却液开、关等)编制成代码来详细描述整个零件加工的工艺过程和机床的每个动作步骤。如图 4.1 所示为数控加工程序编制的一般步骤示意。

数控加工程序编制方式分为手工编程和自动编程。手工编程是指利用一般的计算工具,通过各种数学方法,人工进行刀具轨迹的运算,并进行指令编制的过程。适合形状简单的零件。自动编程是指利用通用的微机及专用的自动编程软件,以人机对话方式确定加工对象和加工条件,自动进行运算和生成指令的过程。适合曲线、三维曲面等复杂型面,应用普遍。

虽然随着计算机技术的发展,目前多采用自动编程方式,但手工编程方式是基础,也需要认真学习和掌握。

此外,为了满足设计、制造、维修和普及的需要,在输入代码、坐标系统、加工指令、辅助功

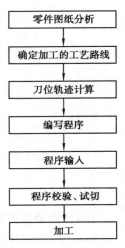

图 4.1 数控编程内容步骤

55

能及程序格式方面,国际上形成了两个通用编制数控程序的标准:

ISO——International Standard Organization(国际标准化组织);

EIA——Electronic Industries Association(美国电子工业协会)。

4.2 数控编程坐标系统

4.2.1 数控编程坐标系的确立

数控编程坐标系统用于确定机床的运动方向和运动距离,描述刀具与工件的相对位置及其变化关系,是确定刀具位置(编程轨迹)、简化编程的基础。其应用已经标准化,ISO 和国标都有相应规定。

数控编程坐标系统一般包括机床坐标系和编程坐标系。

(1)数控编程坐标系的一般规定

数控编程坐标系统采用标准右手直角笛卡儿坐标系。坐标轴用 X、Y、Z 表示。平行于 X、Y、Z 的坐标轴分别用 U、V、W 表示。围绕 X、Y、Z 轴旋转的坐标轴用 A、B、C 表示。

坐标轴的方向由右手螺旋定则判定,如图 4.2 所示。伸出右手大拇指、食指和中指,并使其互相垂直,则大拇指指向 X 正方向,食指指向 Y 正方向,中指为 Z 正方向。判断旋转方向时,伸出右手握住旋转轴,并使大拇指指向旋转轴正方向,则其余 4 个手指指向的方向为旋转正方向。

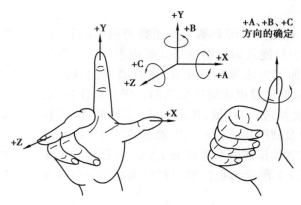

图 4.2 标准右手笛卡儿坐标系

(2)坐标轴及其方向的确定

坐标轴及方向的确定一般遵循以下 3 个原则:

①工件相对静止,刀具运动。

②刀具远离工件的方向为正向。

③先确定 Z 轴,再定 X 轴,最后按右手定则判定 Y 轴。

此外,规定 Z 轴平行于传递主运动与切削力的机床主轴。如果没有主轴或主轴能摆动,则选垂直于工件装夹平面的方向为 Z 轴。

对于工件旋转的机床(车、磨),X 轴在工件的径向上,并且平行于横滑座,刀具离开工件回转中心的方向为 X 坐标的正方向。对于刀具旋转的机床(铣床),若 Z 坐标轴是垂直的(立式铣床),X 坐标轴的正方向指向右方。如图 4.3 所示为按照上述原则和规定确立的坐标系示意图。

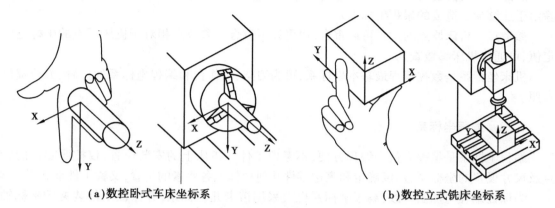

(a)数控卧式车床坐标系　　　　　　　　(b)数控立式铣床坐标系

图 4.3　卧式车床与立式铣床坐标系

4.2.2　机床坐标系

机床坐标系是机床上的固有坐标系,建立在机床原点上。由于数控车床是回转体加工机床,一般只有 X 轴和 Z 轴两个坐标轴。

机床坐标系的原点称为机床原点,又称机械原点,是机床上的一个固有的点,由制造厂家确定,可由机床用户手册中查到。

机床原点一般设在各轴正向的极限位置,如图 4.4 所示。数控车床的原点一般设置在夹盘前端面或后端面的中心。

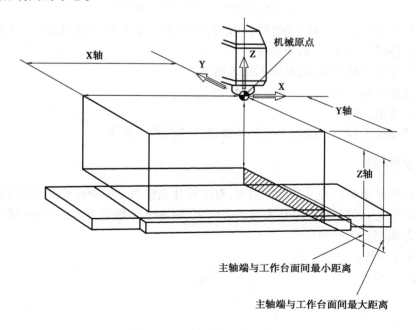

图 4.4　机床原点的一般位置

与机床原点相对应的还有一个机床参考点,也是机床上的固有点,是用于确立机床坐标系的参照点。由于机械原点会随机床断电而消失,因此数控机床开机启动时,首先执行返回参考点操作,进行位置校准,以正确地建立机床坐标系。此外,通过返回参考点操作还可以消除由于连续加工造成的累积坐标误差。

参考点与机床原点的位置可以重合,也可以不重合。参考点相对于机床原点的坐标是固定值,可通过机床参数查到。

机床坐标系是数控编程最基本坐标系,可为刀架、工作台和编程坐标系的位置、方位提供参照。

4.2.3 编程坐标系

编程坐标系是编程人员为编程方便,不考虑工件在机床上的安装位置,仅按照零件的特点及尺寸设置的坐标系,用以确定和表达零件几何形体上各要素的位置,又称工件坐标系。

为保证编程与加工一致,编程坐标系也要采用笛卡儿坐标系,并保证工件装夹后坐标轴方向与机床坐标系坐标轴方向一致,如图 4.5 所示。

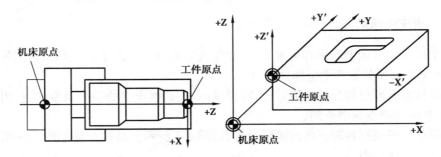

图 4.5　编程坐标系的选择示意图

编程坐标系的原点在工件上的位置理论上可以任意选择,但一般应遵循以下原则:

①选在工件图样基准上,利于编程。

②尽量选在尺寸精度高、粗糙度低的表面上。

③最好选在对称中心上。

④要便于测量和检验。

⑤一般选择在主轴中心线与工件左端面或右端面的交点处。

4.2.4 坐标单位

坐标计算的最小单位是一个脉冲当量,对于脉冲当量为 0.01 mm 的机床,则沿 X、Y、Z 轴移动的最小单位为 0.01 mm。如向 X 轴正方向 12.34 mm、Y 轴负方向 5.6 mm 移动时,下列两种坐标输入方式都是正确的:

①X1234 Y-560。

②X12.34 Y-5.6。

4.3　数控加工程序结构及格式

数控加工程序必须符合一定的结构和格式要求。一般来说,针对固定型号的数控机床其程序结构格式是固定的,不同型号机床其程序或略有区别,因此,认真阅读和学习编程手册是编制好程序的关键一环。如图 4.6 所示给出了数控加工程序的一般结构及格式。

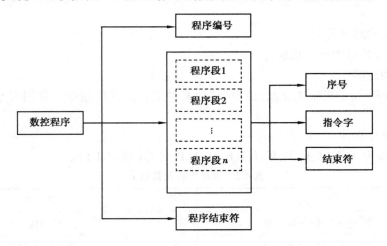

图 4.6　数控程序的结构及格式示意图

由图 4.6 可知,数控加工程序由程序编号、程序内容和程序结束符 3 部分组成。

程序编号由地址码+数字序列号组成。不同数控系统地址码不同,如 O(日本 FANUC)、P(美国 AB8400)、%(德国 SMK8M)等。相应编号则为 O001、P001、%001。

程序内容由若干个程序段组成。

程序结束符一般为 M02 或 M30 指令,是整个程序结束的符号。

程序段是执行数控加工的核心部分,由序号、指令字和段结束符构成。

程序段序号(也称程序段名)由字母 N 后面跟 1~4 位正整数,不允许为"0"。程序执行顺序为程序段编写时的排列顺序,而非程序段序号顺序。程序段序号用于方便程序的检索校对和修改,或者作为条件转向的目标。

指令字由地址符后跟数字组成,地址符有 G、M、S、T 等,不同地址符后面跟的数字意义不同,具体见后边指令部分。

结束符标志程序段功能的完成,不同的数控系统结束符不同,有";""＊""NL""LF"或"CR"等。

4.4　数控编程指令介绍

在数控机床上对工件进行的加工是依靠加工程序中的各种指令来完成的。这些指令有准备功能 G 和辅助功能 M 指令,还包含 F 进给功能、S 主轴转速功能、T 功能等。国家标准

《中华人民共和国国家标准目录及信息总汇》（GB/T 8870—1988）对零件加工程序的结构与格式作了相应规定。近年来数控技术发展很快，国内外许多厂商都发展了具有自己特色的数控系统，对标准中的代码进行了功能上的延伸，或作了进一步的定义，因此，在编程时必须仔细阅读具体机床的编程指南。

4.4.1　数控程序中的指令代码概述

数控机床的运动是由程序控制的，功能指令是组成程序段的基本单元，也是程序编制中的核心问题。

（1）程序段的顺序号字

由地址 N 及其后的数字组成。

（2）准备功能字

由 G 代码表示，是机床建立起（或准备好）某种工作方式的指令。常用 G 代码的用法详见后述。

（3）坐标尺寸字

尺寸字地址为 X、Y、Z、U、V、W、I、J、K、R、A、B、C 等（见表 4.1）。

表 4.1　地址字符及其意义

字符	意　义	字符	意　义
A	围绕 X 轴的角度尺寸	N	程序段号
B	围绕 Y 轴的角度尺寸	O	有时为程序号
C	围绕 Z 轴的角度尺寸	P	平行于 X 轴的第三附加坐标；有时为固定循环的参数或程序号
D	特殊坐标的角度尺寸	Q	平行于 Y 轴的第三附加坐标；有时为固定循环的参数
E	特殊坐标的角度尺寸	R	平行于 Z 轴的第三附加坐标；有时为固定循环的参数或圆弧的半径
F	进给速度或进给量	S	主轴速度功能
G	准备功能	T	刀具功能
H	有时为补偿值地址	U	平行于 X 轴的第二附加坐标；有时为 X 轴的增量坐标
I	为 X 方向圆弧中心坐标	V	平行于 Y 轴的第二附加坐标；有时为 Y 轴的增量坐标
J	为 Y 方向圆弧中心坐标	W	平行于 Z 轴的第二附加坐标；有时为 Z 轴的增量坐标
K	为 Z 方向圆弧中心坐标	X	X 轴坐标
L	有时为固定循环返回次数；有时为子程序返回次数	Y	Y 轴坐标
M	辅助功能	Z	Z 轴坐标

(4) 进给功能字

进给功能也称 F 功能,由地址码 F 及其后续的数值组成,用于指定刀具的进给速度。

进给功能字应写在相应轴尺寸字之后,对于几个轴合成运动的进给功能字,应写在最后一个尺寸字之后。

进给速度的指定方法有直接法和代码法两种。直接指定法即按有关数控切削用量手册的数据或经验数据直接选用,用 F 后面的数值直接指定进给速度,一般单位为 mm/min,切削螺纹时用 mm/r,在英制单位中用英寸表示。例如,F300 表示进给速度为 300 mm/min。

目前的数控系统大多数采用直接指定法。

用代码法指定进给速度时,F 后面的数值表示进给速度代码,代码按一定规律与进给速度对应。常用的有 1、2、3、4、5 位代码法及进给速率数(FRN)法等。例如,2 位代码法,即规定 00~99 相对应的 100 种分级进给速度,编程时只指定代码值,通过查表或计算可得出实际进给速度值。

(5) 主轴转速功能字

S 用以指定主轴转速,由地址码 S 及后续的若干位数字组成,单位为 r/min。S 地址后的数值也有直接指定法和代码法两种。现今数控机床的主轴都用高性能的伺服驱动,可用直接法指定任何一种转速。代码法现很少应用。例如,用直接指定法时,S3000 表示主轴转速为 3 000 r/min。

(6) 刀具功能字

T 指令用以指定刀具号及其补偿号,由地址码 T 及后续的若干位数字组成,用于更换刀具时指定刀具或显示待换刀号,如 T01 表示 1 号刀,如 T0102,01 表示选择 1 号刀具,02 为刀具补偿值组号,调用第 02 号刀具补偿值,即从 02 号刀补寄存器中取出事先存入的补偿数据进行刀具补偿,刀具补偿用于对换刀、刀具磨损、编程等产生的误差进行补偿,一般编程时常取刀号与补偿号的数字相同(如 T0101),这样显得直观一些。

(7) 辅助功能字

由 M 代码表示,控制机床某一辅助动作的通-断(开-关)指令,如主轴的开、停,切削液的开、关,转位部件的夹紧与松开等。常用 M 代码的用法详见后述。

(8) 第二辅助功能字

第二辅助功能又称 B 功能,它是用来指令工作台进行分度的。B 功能是用地址字符 B 及其后面的两位或 3 位数字来表示,如 B60、B180、B270 等。

数控加工指令一般分为模态和非模态指令两种。模态指令是具有延续性的指令,即在同组其他指令未出现以前一直有效,不受程序段多少的限制。而非模态指令只在当前程序段有效。

4.4.2　M 功能指令及其用法(辅助功能指令)

表 4.2 给出了 M 指令及其所执行的功能。

表 4.2　M 指令

指　令	功　能	功能持续时间
M00	强制程序终止	单段有效
M01	可选程序停止	单段有效
M02	程序结束	单段有效
M30	程序结束并返回起始位置	单段有效
M03	主轴顺时针旋转	取消或替代前一直有效
M04	主轴逆时针旋转	取消或替代前一直有效
M05	主轴停止	取消或替代前一直有效
M08	冷却液开	取消或替代前一直有效
M09	冷却液关	取消或替代前一直有效
M98	子程序调用	取消或替代前一直有效
M99	子程序调用返回	取消或替代前一直有效

（1）M00 与 M01

M00 与 M01 虽然都起停止程序的作用，在使用时有以下区别：

M00 无条件关闭机床所有的自动操作（如轴的运动、主轴旋转等），模态信息（如进给速度、主轴速度等）保持不变。按下控制面板上的循环启动键，程序能够恢复自动执行。

M01 与机床控制面板上可选择的停止按钮配合使用。按钮"开"状态，执行暂停；"关"则不起作用，程序继续执行。

（2）M02 与 M30

执行 M02 与 M30 后，程序结束，取消所有轴的运动、冷却液等功能，并将系统重新设置到缺省状态。所不同的是，M02 执行后，若程序需再次运行，需要手动将光标移动到程序开始。M30 则可直接再次运行。

（3）M98 与 M99

用于调用子程序。子程序是为缩短代码而在一个加工程序中，将多次重复出现的程序段抽出，编成的一个供调用的程序。

子程序与主程序唯一的区别是程序结束符不同，子程序结束符为 M99，表示调用结束返回继续执行主程序。例如：

O1002；　　　　　　　　子程序编号。

N005；　　　　　　　　子程序段。

M99；　　　　　　　　子程序结束。

子程序可以被主程序调用，同时子程序也可调用另外的子程序（称为嵌套），嵌套最多可达到 4 级。

子程序调用格式：

M98 P nnn××××；

nnn——子程序被重复调用的次数,调用次数省略时,视为一次;

××××——子程序编号,必须为 4 位。

例如:

M98 P51002;　　　　　　　　调用 5 次子程序 O1002。

M98 P1002;　　　　　　　　调用 1 次子程序 O1002。

4.4.3　S 功能指令及其用法

由 S 及数字组成,用于指定主轴转速,必须由 M03/M04 指令指定旋转方向后主轴才转动。

单位由 G96/97 确定:

G96——m/min;

G97——r/min。

例如:

G96 S500 M03;

G97 S500 M04;

当用指令 G96 指定恒切削速度时,越接近旋转中心速度越快,为防止主轴转速过高而发生危险,可利用 G50 将主轴最高转速设置在某一个最高值。

例如:

G50 S2500;

G96 S500 M03;

4.4.4　F 功能指令及其用法

F 后跟数字指定进给速度,进给速度的单位由 G98/99 指令指定。

例如:

G98 F0.3;

G98 指定每分钟进给模式,单位为 mm/min;G99 指定每转进给模式,单位为 mm/r,如图 4.7 所示。

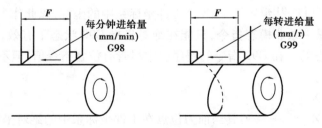

图 4.7　S 指令进给速度单位的指定

4.4.5　T 功能指令及其用法

刀具指令由 T 后跟数字组成,用于指定加工用刀具。该指令执行换刀动作。

常用格式为 T 后跟 4 位数字,其中前两位代表刀具,后两位对应刀具的补偿寄存器号码。

刀具补偿值需要事先通过对刀等操作存储于补偿寄存器。

例如：

T0606；   选用 6 号刀和 6 号补偿代码；

T0600；   选用 6 号刀取消补偿。

4.4.6 常用 G(准备)功能指令及其用法

G 代码是与插补过程有关的准备功能指令，G(准备)功能是数控加工中最为重要、最为复杂的编程指令，目前，不同数控系统的 G 代码并非完全一致，因此编程人员必须熟悉所用机床及数控系统的规定。常用的 G 代码指令主要包括坐标系设定指令、加工方式指令、固定循环指令和刀具补偿指令。下面分别予以介绍。

(1)坐标系设定指令

1)绝对坐标编程 G90 和增量坐标编程 G91

指令格式：

G90 X ＿＿＿ Y ＿＿＿ Z ＿＿＿；

G91 X ＿＿＿ Y ＿＿＿ Z ＿＿＿；

G90——绝对坐标编程；

G91——增量坐标编程；

X ＿＿＿ Y ＿＿＿ Z ＿＿＿——坐标值。在 G90 中表示编程终点的坐标值；在 G91 中表示编程移动的距离。

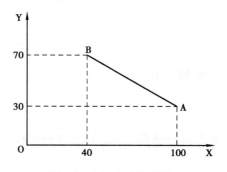

图 4.8 G90 和 G91 指令

如图 4.8 所示，分别用 G90 和 G91 编写程序，A 为起点，B 为终点，快速从 A 到 B。

绝对值编程：

G90 G00 X40.0 Y70.0；

增量值编程：

G91 G00 X-60.0 Y40.0；

2)工件坐标系设定 G92

G92 指令的意义就是声明当前刀具刀位点在工件坐标系中的坐标，以此作参照来确立工件原点的位置。G92 指令是一条非模态指令，只能在绝对坐标 G90 状态下有效，但由该指令建立的工件坐标系却是模态的。在 G92 指令的程序段中尽管有位置指令值，但不产生刀具与工件的相对运动。

指令格式：G92 X ＿＿＿ Y ＿＿＿ Z ＿＿＿；

X ＿＿＿ Y ＿＿＿ Z ＿＿＿——刀具当前刀位点在工件坐标系中的绝对坐标值。

G92 用起来很方便，把刀移到起刀点或一个比较方便定位的点，然后把这一点在工件坐标系中的坐标值编入 G92，工件坐标系就建立起来了。

单件或小批量加工，由于几乎每次加工的工件坐标系都不一样，因此 G54—G59 用起来反而麻烦，这时通常使用 G92。

3)编程原点偏置 G54—G59

在编程过程中,为了避免尺寸换算,需多次把工件坐标系平移。此法是将机床零点(参考点)与要设定的工件零点间的偏置坐标值,即工件坐标原点在机床坐标系中的数值用手动数据输入方式输入,事先存储在机床存储器内,然后用 G54—G59 任一指令调用。这些坐标系的原点在机床重开机时仍然存在。用此方法可将工件坐标系原点平移至工件基准处,如图4.9所示。

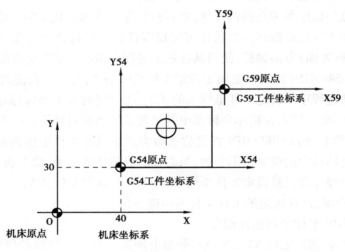

图 4.9 工件坐标系的设定

一旦指定了 G54—G59 其中之一,则该工件坐标系原点即为当前程序原点,后续程序段中的工件绝对坐标均为相对此程序原点的值。例如:

N01 G54 G00 G90 X30 Y20;

N02 G55;

N03 G00 X40 Y30;

执行 N01 时,系统会选定 G54 坐标系作为当前工件坐标系,然后再执行 G00 机床移动到该坐标系中的 A 点(见图 4.10);执行 N02 时,系统又会选择 G55 坐标系作为当前工件坐标系;执行 N03 时,机床就会移动到刚指定的 G55 坐标系中的 B 点(见图 4.10)。

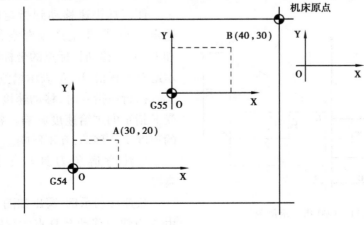

图 4.10 工件坐标系的使用

G54—G59 指令与 G92 指令的使用方法不同。使用 G54—G59 建立工件坐标系时,该指令可单独指定(见上面程序 N02),也可与其他程序指令同段指定(见上面程序 N01),如果该程序段中有位置指令就会产生运动。可使用定位指令自动定位到加工起始点。

若在工作台上同时加工多个相同工件时,可设定不同的程序零点(见图 4.9),共可建立 G54—G59 这 6 个加工坐标系。其坐标原点(程序零点)可设在便于编程的某一固定点上,这样只需按选择的坐标系编程。因此,对于多程序原点偏移,采用 G54—G59 原点偏置寄存器存储所有程序原点与机床参考点的偏移量,然后在程序中直接调用 G54—G59 进行原点偏移是很方便的。采用程序原点偏移的方法还可实现零件的空运行试切加工,即在实际应用时,将程序原点向刀轴(Z 轴)方向偏移,使刀具在加工过程中抬起一个安全高度即可。

G92 指令与 G54—G59 指令都是用于设定工件坐标系的,但它们在使用中是有区别的。

G92 指令是通过程序来设定工件坐标系的,G92 所设定的加工坐标原点是与当前刀具所在位置有关的,这一加工原点在机床坐标系中的位置是随当前刀具位置的不同而改变的。

G54—G59 指令是通过 CRT/MDI 在设置参数方式下设定工件坐标系的,一经设定,加工坐标原点在机床坐标系中的位置是不变的,与刀具的当前位置无关,除非再通过 CRT/MDI 方式更改。G92 指令程序段只是设定工件坐标系,而不产生任何动作;G54—G59 指令程序段则可与 G00、G01 指令组合,在选定的工件坐标系中进行位移。

4)G17、G18、G19 坐标平面选择指令

G17、G18、G19 分别指定在 XY、ZX、YZ 平面上加工。对于三坐标的镗铣床和加工中心,常用这些指令命令机床按哪一个平面运动。当机床只有一个坐标平面时,例如,车床总是在 ZX 平面内运动,无须编写平面选择指令。在 XY 平面内加工,一般 G17 可省略不写。

这些指令在进行圆弧插补和刀具补偿时必须使用。

例如:

G18 G03 X ____ Z ____ I ____ K ____ F ____;加工 ZX 平面的逆圆弧。

(2)加工方式指令

1)G00——快速移动指令

指令格式:

G00 X(U) Z(W);

使刀具快速移动到指定的位置,实现快速定位,减少非生产或者空行程时间。X、Z 和 U、W 为移动目标点的坐标值,其中 X、Z 表示绝对坐标值,U、W 表示增量坐标值。

执行该指令时,移动速度由参数设定,不受 F 指定的进给速度影响。各轴以各自设定的速度快速移动,互不影响。

应注意避免刀具与工件及夹具发生碰撞。

快速移动示例:写出如图 4.11 所示,刀具由 A 点快速移动至 D 点的程序段。

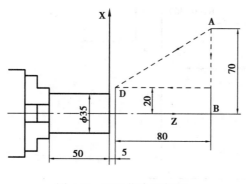

图 4.11　G00 指令示例图

绝对坐标方式：

G00 X40.0 Z5.0；

增量坐标方式：

G00 U−100.0 W−80；

2）G01——直线插补指令

指令格式：

G01 X(U) Z(W) F；

X(U) Z(W)——目标点坐标；

F——通常用每转进给率。

必须在 G01 程序段中或其前面由 F 指令指定进给速度，否则机床不运动。

在进行车端面、沟槽等与 X 轴平行的加工时，只需单独指定 X（或 U）坐标即可；而在车外圆、内孔等与 Z 轴平行的加工时，只需单独指定 Z（或 W）值。

直线插补示例：编写以 F = 0.25 mm/r 的进给速度加工如图 4.12 所示外圆面的程序。

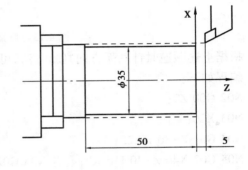

图 4.12　G01 指令示例

编程如下：

O0001；

⋮

N09 G00 X40.0 Z5.0；

N15 X35.0；

N20 G99 G01 Z−50.0 F0.25；

N30 M30；

3）G02/G03——圆弧插补指令

当所加工的圆弧为顺时针时，使用 G02 指令；G03 指令针对的是逆圆弧插补。

圆弧顺时针与逆时针方向的判断方法：向垂直圆弧所在平面的坐标轴的负方向看过去，以确定圆弧为顺时针方向或者逆时针方向。如圆弧在 XZ 平面，则垂直 XZ 平面的坐标轴为 Y，向"−Y"方向看过去，从而确定圆弧的顺逆时针方向。车床只有 X、Z 轴，按右手法则确定出 Y 轴，然后判断圆弧的顺逆。

指令格式：

G02/G03 X(U) Z(W) R F；

G02/G03 X(U) Z(W) I K F；

R 为待加工圆弧的半径，由 R 值和圆弧的起点、终点坐标可唯一确定圆弧的圆心位置。用负 R 可描述圆心角大于 180°的圆弧；不能描述整圆。

I、K 为待加工圆弧起点指向圆心的矢量沿 X、Z 轴向的分矢量，当方向与坐标轴的方向不一致时取负值。该指令可用于整圆加工。

圆弧插补示例 1：判断如图 4.13 所示圆弧的顺逆时针方向，并编写其加工程序（H =

0.25 mm/r)。

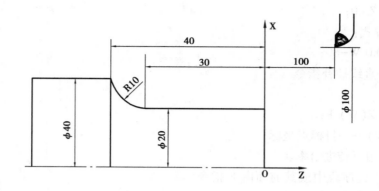

图 4.13   圆弧插补指令示例 1

根据上述顺逆时针圆弧方向判断方法,可以知道待加工圆弧为顺时针方向。

编程如下:

N02 G00 Z2;

N03 X20;

N04 G01 Z-30 F0.25;

N05 G02 X40 Z-40 I10 K0;或者 N05 G02 X40 Z-40 R10;

圆弧插补示例 2:判断如图 4.14 所示圆弧的顺逆时针方向,并编写其加工程序(H=0.3 mm/r)。

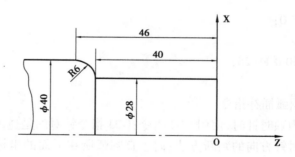

图 4.14   圆弧插补指令示例 2

根据上述顺逆时针圆弧方向判断方法,可以知道待加工圆弧为逆时针方向。

编程如下:

N03 G00 Z2;

N04 X28;

N05 G01 Z-40 F0.3;

N06 G03 X40 Z-46 I0 K-6;或者 N06 G03 X40 Z-46 R6;

4)G04——暂停指令

刀具作短暂停留,以获得圆整而光滑的表面。多用在车槽、钻镗孔等加工中。例如,在车削环形槽时使工件空转几秒钟,使环形槽外形更光整。

指令格式：

G04 X;——单位:s 。

G04 U;——只用于车,单位:s。

G04 P;——单位:ms。

暂停示例:暂停 1 s。

G04 X1.0;

G04 U1.0;

G04 P1000;

5) G32——螺纹加工指令

加工螺纹时,刀具上的载荷随着切削深度的增加而增加,为保持恒定载荷,可采用逐渐减少螺纹加工深度或采用适当的横切等两种方法。实际应用中两种方法经常同时使用。

切削螺纹时,每次走刀都包括至少 4 个基本运动,如图 4.15 所示。

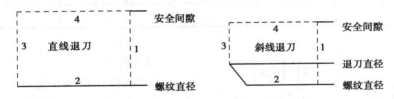

图 4.15　螺纹加工进刀路线示意图

斜线退刀有利于提高螺纹加工质量。因此,除非结束加工位置不开阔,否则尽量不用直线退刀。

螺纹刀接触加工材料之前,其速度必须达到编程进给率,故确定 Z 轴安全间隙时必须考虑加速度的影响。通常 Z 轴安全间隙取为螺纹导程的 3~4 倍。X 方向单边安全间隙值一般取为导程的 1.5~2 倍。

螺纹起始、停止段会在加工时发生螺距不规则现象,因此,在实际加工时应留一定的切入(δ_1)、切出(δ_2)空行程量,如图 4.16 所示。

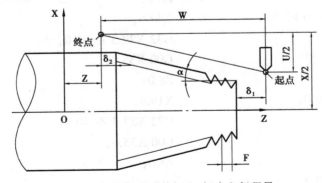

图 4.16　螺纹加工时的切入、切出空行程量

δ_1、δ_2 的取值一般为 $\delta_1 = 2~5$ mm, $\delta_2 = (1/4~1/2)\delta_1$。

表 4.3 给出的常用公制螺纹加工时选用的被吃刀量与加工次数是应用螺纹加工指令时的重要参考依据。

表 4.3　常用公制螺纹加工时的背吃刀量与加工次数

螺　距		1.0	1.5	2.0	2.5	3.0	3.5	4.0
牙　深		0.649	0.974	1.299	1.624	1.949	2.273	2.598
背吃刀量和切削次数	1 次	0.7	0.8	0.9	1.0	1.2	1.5	1.5
	2 次	0.4	0.6	0.6	0.7	0.7	0.7	0.8
	3 次	0.2	0.4	0.6	0.6	0.6	0.6	0.6
	4 次		0.16	0.4	0.4	0.4	0.6	0.6
	5 次		0.1	0.4	0.4	0.4	0.4	0.4
	6 次			0.15	0.4	0.4	0.4	0.4
	7 次				0.2	0.2	0.2	0.4
	8 次						0.15	0.3
	9 次							0.2

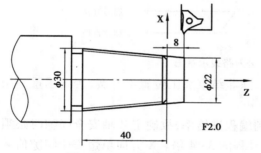

图 4.17　G32 指令示例图

指令格式：

G32 X(U) Z(W) F;

X(U)、Z(W)——螺纹终点坐标；

F——螺纹导程。

执行该指令时，刀具的移动和主轴保持同步，主轴转 1 周，刀具移动一个导程。

G32 指令示例：编制如图 4.17 所示导程为 2.0 的锥螺纹加工程序。

加工该螺纹的程序如下：

G00 X35.0 Z8.0;

X21.1;

G32 X29.1 Z-40.0 F2.0;

G00 X35.0;

Z8.0;

X20.5;

G32 X28.5 Z-40.0;

G00 X35.0;

Z8.0;

X19.9;

G32 X27.9 Z-40.0;

G00 X35.0;

Z8.0;

X19.5;

G32 X27.5 Z-40.0;

G00 X35.0;

Z8.0;

X19.4;

G32 X27.4 Z-40.0;

G00 X35.0;

Z8.0;

注意：程序第二段，指令 X21.1，切记在加工锥螺纹时，底径应以出发点为准计算出其实际值。

（3）固定循环指令

数控加工中，为简化编程将多个程序段的指令按规定的执行顺序用一个程序段表示，即用一个固定循环指令可产生几个固定、有序的动作。现代数控系统特别是数控车床、数控铣床、加工中心都具有多种固定循环功能。例如,车削螺纹的过程,将快速引进、切螺纹、径向或斜向退出、快速返回 4 个动作综合成一个程序段;锪底孔时将快速引进、锪孔、孔底进给暂停、快速退出 4 个固定动作综合成一个程序段等。对这类典型的、经常应用的固定动作,可预先编好程序并存储在系统中,用一个固定循环 G 指令去调用执行,从而使编程简短、方便,又能提高编程质量。不同的数控系统所具有的固定循环指令各不相同。例如,FANUC0 系统的 G81—G89 为孔加工固定循环;G70—G76 为车削加工固定循环。一般在 G 代码中,常用 G70—G79 和 G80—G89 等不指定代码作为固定循环指令。

对于"循环次数"指令,常用某一字母(如 L 或 H)表示,由数控系统设计者自行规定,使用时可查阅机床数控系统使用说明书。

下面介绍一些常用的固定循环指令。

1)G76——螺纹加工循环指令

指令格式:

G76 P m r α Q Δdmin R d;

G76 X(U) Z(W) Ii Pk QΔd Ff;

各参数意义如图 4.18 所示。

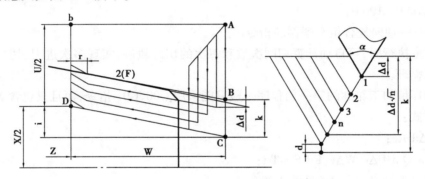

图 4.18　G76 指令参数意义示意图

G76 指令中各参数意义如下:

m——精车重复次数;

r——斜向退刀量单位数,0.0 f~9.9 f,一个单位为 0.1 f,用 00~99 两位数字指定;

α——刀尖角度;

Δdmin——最小切削深度;

d——精加工余量,μm;

i——锥螺纹起点、终点的半径差(起点减终点);

k——螺纹牙高(半径值),μm;

Δd——第一次粗切深(半径值),μm;

f——螺纹导程。

G76 指令示例　编制如图 4.19 所示螺纹切削程序。其中,斜向退刀量单位 0.2 f,牙型角 60°,第 1 次切深 0.5,最小切深 0.2,精车 1 次余量 0.1,进给率为 1.5 mm/r。

程序如下：

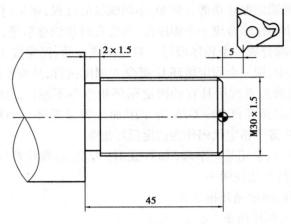

图 4.19　G76 指令示例图

G00 X36.0 Z5.0；

G76 P10 2 60 Q200 R100；

G76 X28.04 Z-44.0 P974 Q500 F1.5；

G00 X200.0 Z100.0；

2）G71——轴向复合粗车削循环指令

G71 指令执行时，可自动计算切削次数和每次的切削轨迹，实现多次进刀、切削、退刀、再进刀的加工循环。

G71 循环精加工轮廓的第一句程序一般只能采用 G00、G01 指令，而且只包含 X 坐标。

指令格式：

G71 UΔd Re；

G71 Pns Qnf UΔu WΔw F f S s T t；

指令中各参数意义如下（见图 4.20）：

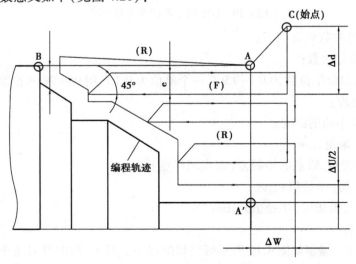

图 4.20　G71 指令参数意义

Δd——每次切削深度(半径值);

e——退刀量(半径值);

ns、nf——精加工路线起/终程序段的顺序号;

Δu——X 轴精加工余量,直径值;

Δw——Z 轴精加工余量。

ns—nf 程序段,仅用于计算粗车的轨迹,实际并未被执行。而其中指定的 G96、G97 及 T、F、S 对 G71 指令均无效,而在 G71 指令中或者之前的程序段里指定的这些功能有效。

G71 指令示例:编制如图 4.21 所示零件加工程序。粗车切削深度 2 mm,退刀量 1 mm,精车预留量 X 方向 0.5 mm,Z 方向 0.2 mm,粗车进给率为 0.2 mm/r。

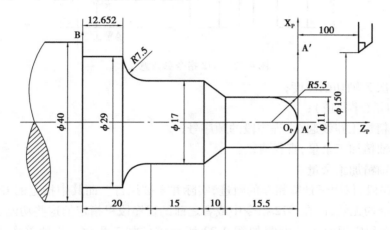

图 4.21　G71 指令编程示例图

程序编制如下:

G00 X150.0 Z100.0;	X17 W−10;
G00 X41 Z0;	W−15;
G71 U2 R1;	G02 X29 W−7.348 R7.5;
G71 P50 Q120 U0.5 W0.2 F0.2;	G01 W−12.652;
N50 G01 X0;	N120 X41;
G03 X11 W−5.5 R5.5;	G00 X150 Z100;
G01 W−10;	

3)G72——径向复合粗车削循环指令

G72 指令执行时,可自动计算切削次数和每次的切削轨迹,实现多次进刀、切削、退刀、再进刀的加工循环。

G72 循环精加工轮廓的第一句程序一般只能采用 G00、G01 指令,而且只包含 Z 坐标。

指令格式:

G72 WΔd Re;

G72 Pns Qnf UΔu WΔw F f S s T t;

指令中各参数意义如下(见图 4.22):

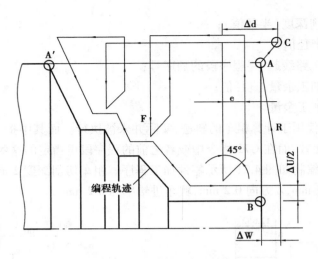

图 4.22　G72 指令参数意义

Δd——每次 Z 轴切削深度；

e——退刀量（半径值）；

ns、nf——精加工路线起/终程序段的顺序号；

Δu——X 轴精加工余量，直径值；

Δw——Z 轴精加工余量。

ns—nf 程序段，仅用于计算粗车的轨迹，实际并未被执行。而其中指定的 G96、G97 及 T、F、S 对 G72 指令均无效，而在 G72 指令中或者之前的程序段里指定的这些功能有效。

G72 指令编程应用示例　编制如图 4.23 所示零件加工程序。Z 轴单次进刀量定义为 2 mm，退刀量（直径值）1 mm，精车预留量 X 方向为 0.5 mm，Z 方向为 0.2 mm，粗车进给率为 0.3 mm/r。

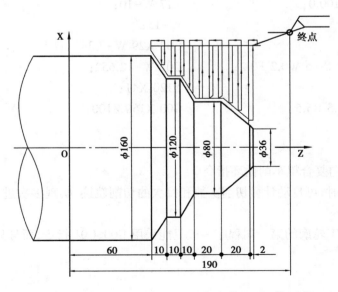

图 4.23　G72 指令编程示例图

程序如下：

G00 X220.0 Z190.0；

G00 X176.0 Z132.0；

G72 W2.0 R0.5；

G72 P04 Q09 U0.5 W0.2 F0.3；N04 G00 Z58.0；

G01 X120.0 W12.0 F0.15；W10.0；

X80.0 W10.0；

W20.0；

N09 X36.0 W22.0；

G00 X220.0 Z190.0；

4）G73——封闭粗车削循环指令

指令格式：

G73 UΔi WΔk Re；

G73 Pns Qnf UΔu WΔw Ff Ss Tt；

指令中各参数意义如下（见图 4.24）：

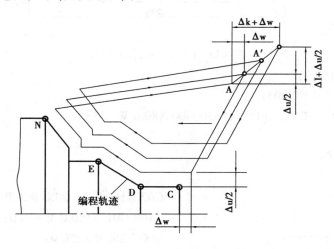

图 4.24　G73 指令参数意义

Δi——X 轴总退刀量；

Δk——Z 轴总退刀量；

e——循环切削次数，千次；

ns、nf——精加工路线起/终程序段的顺序号；

Δu——X 轴精加工余量（直径值）；

Δw——Z 轴精加工余量。

G73 指令示例　编制如图 4.25 所示零件加工程序。3 次走刀，Z 向和 X 向单边加工余量均为 14 mm，进给速度为 0.3 mm/r，主轴转速 500 r/min；精加工余量 X 向为 4 mm（直径值），Z 向为 2 mm。

程序编制如下：

G00 X260.0 Z220.0；

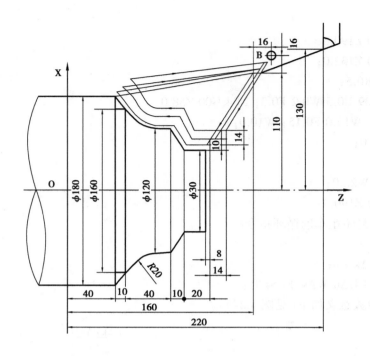

图 4.25　G73 指令编程示例图

G00 X220.0 Z160.0；

G73 U14.0 W14.0 R0.003；

G73 P50 Q100 U4.0 W2.0 F0.3；N50 G00 X80.0 W-35.0；

G01 W-25.0；

X120.0 W-10.0；

W-20.0；

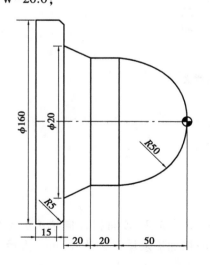

图 4.26　G70 与 G71 指令配合编程示例图

G02 X160.0 W-20.0 R20.0；

N100 G01 X180.0 W-10.0；

G00 X260.0 Z220.0；

5）G70——精加工车削循环指令

指令格式：

G70 Pns Qnf；

ns、nf 意义与 G71—G73 相同。

该指令与 G71—G73 配合使用，完成 ns—nf 程序段之间的精加工。

如果 ns—nf 程序段未指定 T、F、S，在粗车循环 G71、G72、G73 之前指定的仍有效；ns—nf 程序段中不能调用子程序。

G70 与 G71 指令配合编程示例　编制如图 4.26 所示零件加工程序。粗车切深 2 mm，退刀量 1 mm，精车预留量 X 方向为 1.0 mm，Z 方向为 0.5 mm，粗车进给率为 0.3 mm/r，假设精车所用进给率和刀具同粗车。

程序编制如下：

G00 X200.0 Z100.0;

X165.0 Z2.0;

G71 U2.0 R1.0;

G71 P70 Q150 U1.0 W0.5 F0.3;

N70 G00 X160.0;

G01 Z-2.0 F0.1;

G03 X100.0 W-50.0 R50.0;

G01 W-20.0;

X120 W-20.0;

X150.0;

G03 X160.0 W-5.0 R5.0;

N150 G01 W-15.0;

N160 G70 P70 Q150;

N170 G00 X200.0 Z100.0;

6）G74——轴向切槽循环指令

G74 指令属于间歇式加工，主要用于 Z 轴方向深孔或者深槽加工。

指令格式：

G74 Re;

G74 X(U) Z(W) P(Δi) Q(Δk) R(Δd) F(f) S(s);

指令参数意义如下（见图 4.27）：

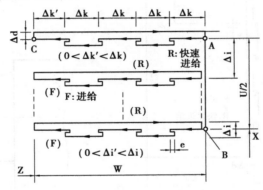

图 4.27　G74 指令参数意义

e——每次轴向进刀后，轴向退刀量；

Δi——每次切削完成后径向的位移量，0.001 mm；

Δk——每次钻削长度（Z 轴方向的进刀量），0.001 mm；

Δd——每次切削完成以后的径向退刀量（端面切槽退刀量为零，半径值），mm。

G74 指令示例　编制如图 4.28 所示零件加工程序。钻削深度为 40 mm 的深孔，每次切深 5 mm，退刀 1 mm，进给量 0.15 mm/r。

程序如下：

G00 X250.0 Z80.0;

X0.0 Z5.0;

G74 R1000;

G74 Z-40.0 Q5000 F0.15;

G00 X250.0 Z80.0;

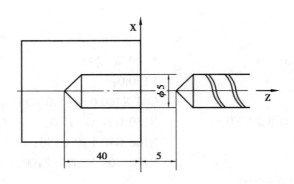

图 4.28　G74 指令编程示例图

7)G75——径向切槽循环指令

指令格式：

G75 Re；

G75 X(U) Z(W) P(Δi) Q(Δk) R(Δd) F(f)；

指令参数意义如下(见图 4.29)：

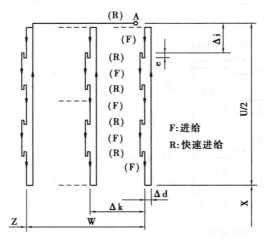

图 4.29　G75 指令参数意义

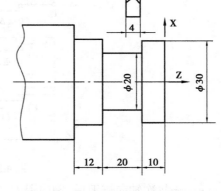

图 4.30　G75 指令编程示例图

e——每次进刀后径向退刀量(X 轴方向退刀间隙)；

Δi——每次循环切削量,0.001 mm；

Δk——每次切削完成后 Z 轴方向的进刀量,0.001 mm；

Δd——每次切削完成以后的 Z 向退刀量。

G75 指令示例　编制如图 4.30 所示零件台阶轴切槽加工程序。每次 X 轴向切深 2.5 mm,退刀间隙 5 mm,Z 轴向进给量 3.5 mm,进给速度 0.12 mm/r。

程序如下：

G00 X250.0 Z100.0；　　　　　　　　G75 R500；

X35.0 Z5.0；　　　　　　　　　　　　G75 X20.0 Z-30.0 P2500 Q3500 F0.12；

Z-14.0；　　　　　　　　　　　　　　G00 X250.0 Z100.0；

习　题

4.1　如何在编制加工程序时判断圆弧的顺逆时针方向？

4.2　数控加工程序的结构是怎样的？

4.3　机床坐标系的坐标轴及方向是如何规定的？

4.4　编制如图 4.31 所示零件从 A 点加工至 B 点的加工程序。F=0.2 mm/r,主轴逆时针 300 r/min,使用 3 号刀具 3 号补偿码。

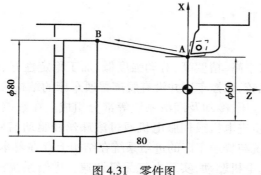

图 4.31　零件图

4.5　编制如图 4.32 所示零件从端面加工至圆弧的加工程序。

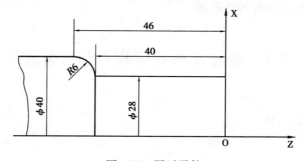

图 4.32　圆弧零件

4.6　编制如图 4.33 所示零件螺纹部分的加工程序。

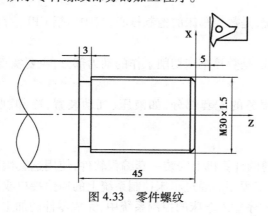

图 4.33　零件螺纹

第 **5** 章
数控车床编程与加工

数控车床具有加工效率高、精度高、劳动强度低、加工稳定性好、对加工对象的适应性强等特点。与普通车床相比较,数控车床并没有脱离普通车床的结构形式,仍然是由床身、主轴箱、刀架、进给传动系统、液压、冷却及润滑系统等部分组成。在数控车床上由于实现了计算机数字控制,直接用功率步进电机或伺服电机通过滚珠丝杠驱动溜板和刀架实现进给运动,因此,数控车床的进给系统与普通车床的进给系统在结构上存在着本质的差别。主传动系统一般采用直流或交流调速电机驱动,实现电气无级调速。进给系统没有传统的走刀箱、溜板箱、光杠和挂轮架,可见数控车床进给传动系统的结构大为简化。为了实现螺纹切削,数控车床安装有与主轴同步旋转的脉冲编码器。

5.1 数控车床的结构和加工特点

5.1.1 数控车床的组成

(1)车床主机
车床主机即数控车床的机械部件,主要包括床身、主轴箱、刀架、尾座、进给传动机构等。
(2)数控系统
数控系统即控制系统,是数控车床的控制核心,其中包括 CPU、存储器、CRT 等部分。
(3)驱动系统
驱动系统即伺服系统,是数控车床切削工作的动力部分,主要实现主运动和进给运动。
(4)辅助装置
辅助装置是为加工服务的配套部分,如液压、气动装置,冷却、照明、润滑、防护及排屑装置。
(5)机外编程器
机外编程器是在普通的计算机上安装一套编程软件,使用这套编程软件以及相应的后置处理软件,就可以生成加工程序。通过车床控制系统上的通信接口或其他存储介质(如软盘、光盘等),把生成的加工程序输入车床的控制系统中,完成零件的加工。

数控车床的外观如图 5.1 所示。

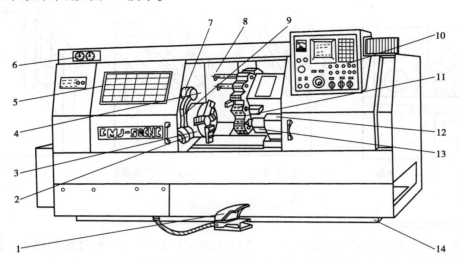

图 5.1　MJ-50 数控车床的外观图

1—主轴卡盘夹紧与松开的脚踏开关；2—对刀仪；3—主轴卡盘；4—主轴箱；5—机床防护门；
6—液压系统压力表；7—对刀仪防护罩；8—机床防护罩；9—对刀仪转臂；10—操作面板；
11—回转刀架；12—尾座；13—30°倾斜布置的滑板；14—平床身

5.1.2　数控车床的布局

数控车床的主轴、尾座等部件相对床身的布局形式与普通车床基本一致。因为刀架和导轨的布局形式直接影响数控车床的使用性能及机床的结构和外观，所以刀架和导轨的布局形式发生了根本的变化。另外，数控车床上一般都设有封闭的防护装置，有些还安装了自动排屑装置。

（1）床身和导轨的布局

数控车床床身导轨与水平面的相对位置如图 5.2 所示，它有 4 种布局形式。一般来说，中、小规格的数控车床采用斜床身和卧式床身斜滑板的居多，只有大型数控车床或小型精密数控车床才采用平床身，立床身采用的较少。

图 5.2（a）工艺性好，便于导轨面的加工。水平床身配上水平放置的刀架可提高刀架的运动精度，一般可用于大型数控车床或小型精密数控车床的布局。但由于下部空间小，故排屑困难。

图 5.2（c）这种布局形式，一方面有水平床身工艺性好的特点，另一方面机床宽度方向的尺寸较水平配置滑板的要小，且排屑方便。

图 5.2（b）和图 5.2（c）布局形式，因为具有排屑容易，热铁屑不会堆积在导轨上，也便于安装自动排屑器；操作方便，易于安装机械手，以实现单机自动化；机床占地面积小，外形简洁、美观，容易实现封闭式防护等特点；所以中、小型数控车床普遍采用这两种布局形式。

图 5.2（d）导轨倾斜的角度分别为 30°、45°、60°、75°，当角度为 90°时称为立式床身。倾斜角度小，排屑不便；倾斜角度大，导轨的导向性差，受力情况也差。中小规格的数控车床，其床身的倾斜度以 60°为宜。

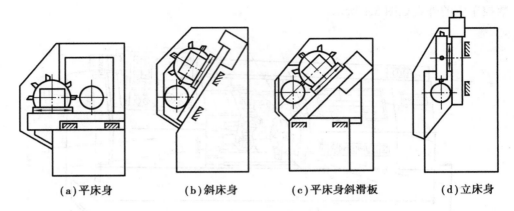

(a)平床身　　　　(b)斜床身　　　　(c)平床身斜滑板　　　　(d)立床身

图 5.2　数控车床的布局形式

(2)刀架的布局

刀架作为数控车床的重要部件之一,它对机床整体布局及工作性能影响很大。按换刀方式的不同,数控车床的刀架主要有回转刀架和排式刀架两大类。

1)回转刀架

回转刀架是数控车床普遍采用的刀架形式。它通过回转头的旋转、分度、定位来实现机床的自动换刀工作。回转刀架在机床上的布局有两种形式:一种是适用于加工轴类和盘类零件的回转刀架,其回转轴与主轴平行;另一种是适用于加工盘类零件的回转刀架,其回转轴与主轴垂直,如图 5.3 所示。

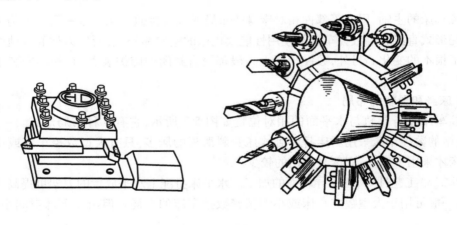

图 5.3　回转式刀架

2)排式刀架

排式刀架主要用于小型数控车床,以加工棒料或盘类零件为主。刀具的典型布置形式如图 5.4 所示。

5.1.3　数控车床的用途

数控车床用于加工回转体零件,一般能够自动完成内外圆柱面、圆锥面、圆弧面、端面及螺纹等工序的切削加工,并能进行切槽、钻孔、镗孔、扩孔及铰孔等加工。此外,数控车床还特别适合加工形状复杂、精度要求高的轴类或盘类零件,如图 5.5 所示。

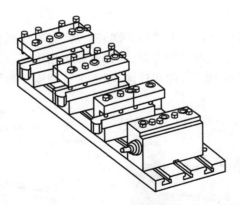

图 5.4　排式刀架应用

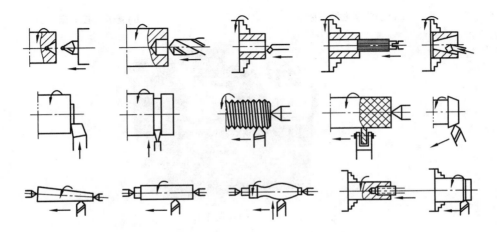

图 5.5　车床加工的典型表面

5.1.4　数控车床的分类

(1)按数控系统的功能和机械结构的档次分

1)经济型数控车床

经济型数控车床一般采用步进电动机驱动的开环伺服系统,结构简单,具有 CRT 显示、程序存储、程序编辑等功能,价格低廉,加工精度较低,功能较简单,一般只能进行两个平动坐标(刀架的移动)的控制和联动,如图 5.6(a)所示。普通车床通过采用步进电动机和单片机对其进给系统进行改造,可形成简易型的数控车床,成本较低,但自动化程度和功能都比较差,车削加工精度也不高,适用于精度要求不高的回转类零件的车削加工。

2)普通数控车床(标准型或全功能型数控车床)

普通数控车床在结构上进行专门设计并配备通用数控系统而形成的数控车床,通常采用闭环或半闭环控制的伺服系统,可进行多个坐标轴的控制。它具有高刚度、高精度和高效率等特点,数控系统功能强,自动化程度和加工精度也比较高,适用于一般回转类零件的车削加工,如图 5.6(b)所示。

3）车削中心

车削中心是一种复合加工机床，工件在一次装夹后，它不仅能完成对回转型面的加工，还能完成回转零件上各表面加工，加工能力强，适合于加工精度高、形状复杂、循环周期长、品种多变的单件或中小批量零件的加工，如圆柱面、端面上铣槽或平面等，如图5.6（c）所示。

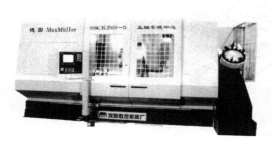

（a）经济型数控车床

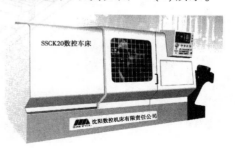

（b）普通数控车床

（c）车削中心

图5.6　数控车床分类

4）精密型数控车床

精密型数控车床是采用闭环控制，不但具有全功能型数控车床的全部功能，而且机械系统的动态响应较快，在数控车床基础上增加其他附加坐标轴，适合于精密和超精密加工。

5）FMC 车床

FMC 车床是一个由数控车床、机器人等构成的柔性加工单元系统。

（2）按主轴的配置形式分

1）卧式数控车床

卧式数控车床的主轴轴线处于水平设置，简称数控卧车。卧式数控车床又可分为数控水平导轨卧式车床和数控倾斜导轨卧式车床两种。档次较高的数控卧车一般都采用倾斜导轨，倾斜导轨结构可以使车床具有更大的刚性，并易于排除切屑，如图5.7（a）所示。

2）立式数控车床

立式数控车床的主轴轴线垂直于水平面，简称数控立车。其车床主轴垂直于水平面，具有一个直径很大的圆形工作台，用来装夹工件。它主要用于加工径向尺寸大、轴向尺寸相对较小的大型复杂零件，如图5.7（b）所示。

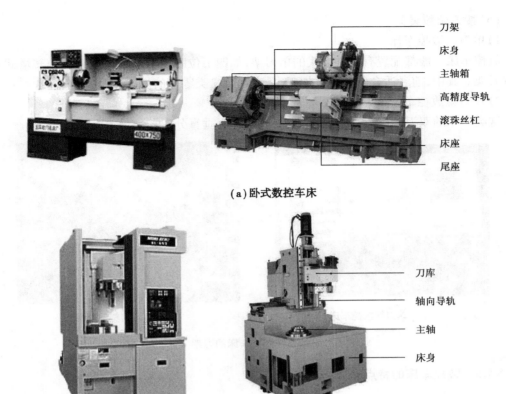

（a）卧式数控车床

（b）立式数控车床

图 5.7 卧式和立式数控车床

（3）按数控系统控制的轴数分

1）两轴控制的数控车床

机床上只有一个回转刀架或两个排式刀架,多采用水平导轨,可实现两坐标轴联动。

2）四轴控制的数控车床

机床上有两个独立的回转刀架,多采用斜置导轨,可实现四坐标轴联动。

3）多轴控制的数控车床

机床上除了控制 X、Z 两个坐标外,还可控制其他坐标轴,实现多轴控制,如具有 C 轴控制功能。车削加工中心或柔性制造单元,都具有多轴控制功能。

（4）按加工零件的基本类型分

1）卡盘式数控车床

这类车床没有尾座,适合车削盘类(含短轴类)零件。夹紧方式多为电动或液动控制,卡盘结构多具有可调卡爪或不淬火卡爪(即软卡爪)。

2）顶尖式数控车床

这类车床配有普通尾座或数控尾座,适合车削较长的零件及直径不太大的轴类零件。

（5）按刀架数量分

1）单刀架数控车床

数控车床一般都配置有各种形式的单刀架,如四工位卧动转位刀架或多工位转塔式自动转位刀架。其中,前者适合轴类零件加工,后者适合盘类零件的加工。

2）双刀架数控车床

这类车床的双刀架配置平行分布,也可以是相互垂直分布。

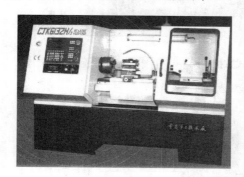

（a）单刀架数控车床　　　　　　　　　（b）双刀架数控车床

图 5.8　数控车床的刀架

5.1.5　数控车床的特点

从结构和工作特点看,数控车床具有以下特点:

①传动链短。

②主轴采用无级变速或分段无级变速。

③刚度大。

④采用滚珠丝杠,实现轻拖动。

⑤采用镶钢导轨。

⑥采用了全封闭或半封闭防护。

⑦主轴转速高,工件装夹安全可靠。

⑧可自动换刀。

⑨双伺服电路驱动。

5.2　数控车削加工工艺处理

在分析零件形状、精度和其他技术要求的基础上,选择在数控车床上加工的内容。在选择数控车床加工内容时,应注意以下3个方面:

①先考虑普通车床无法加工的内容作为数控车床的加工内容。

②选择普通车床难加工、质量也很难保证的内容作为数控车床加工内容。

③在普通车床上加工效率低、工人操作劳动强度大的加工内容可以考虑在数控车床上加工。

5.2.1　数控车床的主要加工对象

（1）精度要求高的回转体零件（见图 5.9）

（a）高精度的机床主轴　　　　　　　　（b）高速电机主轴

图 5.9　高精度回转零件

由于数控车床的刚性好，制造和对刀精度高，以及能方便和精确地进行人工补偿甚至自动补偿，因此它能够加工尺寸精度要求高的零件。在有些场合可以以车代磨。此外，由于数控车削时刀具运动是通过高精度插补运算和伺服驱动来实现的，因此数控车床系统的控制分辨率一般为 0.01~0.001 mm，再加上机床的刚性好和制造精度高，故它能加工对母线直线度、圆度、圆柱度要求高的零件。在特种精密数控车床上，还可加工出几何轮廓精度达 0.000 1 mm、表面粗糙度 Ra 为 0.02 μm 的超精零件，以及通过恒线速度切削功能，加工表面精度要求高的各种变径表面类零件。

（2）表面粗糙度要求高的回转体零件

数控车床能加工出表面粗糙度小的零件，不仅是因为机床的刚性好和制造精度高，还由于它具有恒线速度切削功能。在材质、精车留量和刀具已定的情况下，表面粗糙度取决于进给速度和切削速度。使用数控车床的恒线速度切削功能，就可选用最佳线速度来切削端面，这样切出的粗糙度既小又一致。数控车床还适合于车削各部位表面粗糙度要求不同的零件。粗糙度小的部位可以用减小进给速度的方法来达到，而这在传统车床上是做不到的。

（3）表面形状复杂的回转体零件（见图 5.10）

数控车床具有直线和圆弧插补功能，还有部分车床数控装置有某些非圆曲线的插补功能，故能加工由任意平面曲线轮廓所组成的回转体零件，包括通过拟合计算处理后的、不能用方程描述的列表曲线类零件。如果说车削圆柱零件和圆锥零件既可选用传统车床也可选用数控车床，那么车削复杂回转体零件就只能使用数控车床。如图 5.11 所示壳体零件封闭内腔的成型面，"口小肚大"，在普通车床上是较难加工的，而在数控车床上则很容易加工出来。

（4）带特殊螺纹的回转体零件（见图 5.12）

传统车床所能切削的螺纹相当有限，它只能车等导程的直、锥面公、英制螺纹，而且一台车床只限定加工若干种导程的螺纹。数控车床可配备精密螺纹切削功能，不但能车任何等导程的直、锥和端面螺纹，而且能车增节距、减节距以及要求等节距、变节距之间平滑过渡的螺纹和变径螺纹及高精度的模数螺旋零件（如圆柱、圆弧蜗杆）和端面（盘形）螺旋零件等。数

（a）曲轴

（b）凸轮轴

图 5.10　复杂回转体零件

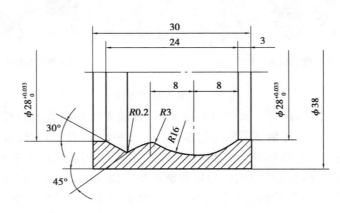

图 5.11　成型内腔壳体零件示意图

图 5.12　非标丝杠

控车床加工螺纹时主轴转向不必像传统车床那样交替变换，它可以一刀又一刀不停顿地循环，直至完成，因此，它车削螺纹的效率很高。再加上采用机夹硬质合金螺纹车刀，以及可使用较高的转速，因此车削出来的螺纹精度较高、表面粗糙度小。而且数控车床进行螺纹加工不需要挂轮系统，因此对任意导程的螺纹均不受限制，且其加工多头螺纹比普通车床要方便得多。

（5）淬硬工件的加工

在大型模具加工中，有不少尺寸大且形状复杂的零件。这些零件热处理后的变形量较大，磨削加工有困难，而在数控车床上可以用陶瓷车刀对淬硬后的零件进行车削加工，以车代磨，提高加工效率。

（6）高效率加工

为了进一步提高车削加工效率，通过增加车床的控制坐标轴，就能在一台数控车床上同时加工出两个多工序的相同或不同的零件。

（7）超精密、超低表面粗糙度的零件

磁盘、录像机磁头、激光打印机的多面反射体、复印机的回转鼓、照相机等光学设备的透镜及其模具，以及隐形眼镜等要求超高的轮廓精度和超低的表面粗糙度值，它们适合于在高精度、高功能的数控车床上加工。以往很难加工的塑料散光用的透镜,现在也可用数控车床来加工。超精加工的轮廓精度可达 0.1 μm,表面粗糙度 Ra 可达 0.02 μm。超精车削零件的材质以前主要是金属,现已扩大到塑料和陶瓷。

(8)带横向加工的回转体零件

端面有分布的孔系、曲面的盘类零件也可选择立式加工中心加工。

径向孔的盘套或轴类零件也常选择卧式加工中心加工。

如果采用普通机床加工,工序分散,工序数目多。采用加工中心加工后,由于有自动换刀系统,使得一次装夹可完成普通机床的多个工序的加工,减少了装夹次数,实现了工序集中的原则,保证了加工质量的稳定性,提高了生产率,降低了生产成本。

5.2.2　数控车床加工零件的工艺性分析

使用数控车床加工零件的步骤和其他数控加工机床一样,按照第 3 章中介绍的步骤,可表示为如图 5.13 所示的框图。

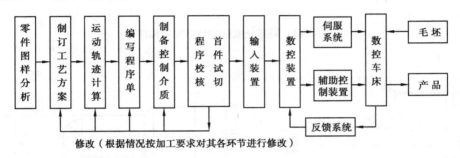

图 5.13　数控车床加工零件的步骤

(1)零件图样分析

零件图分析是制订数控车削工艺的首要工作,主要应考虑以下 3 个方面:

1)尺寸标注方法分析

在数控车床的编程中,点、线、面的位置一般都是以工件坐标原点为基准的。因此,零件图中尺寸标注应根据数控车床编程特点尽量直接给出坐标尺寸,或采用同一基准标注尺寸,减少编程辅助时间,容易满足加工要求。同时,由于数控加工精度及重复定位精度都很高,不会因产生较大的积累误差而破坏使用特性,因此可将局部的尺寸分散标注法改为以集中引注或坐标式的尺寸标注法(见图 5.14)。

2)零件轮廓的几何要素分析

在手工编程时需要知道几何要素各基点和节点坐标,在 CAD/CAM 编程时,要对轮廓所有的几何要素进行定义。因此,在分析零件图样时,要分析几何要素给定条件是否充分、正确。尽量避免由于参数不全或不清,增加编程计算难度,甚至无法编程(见图 5.15)。

3)精度及技术要求分析

保证零件精度和各项技术要求是最终目标,只有在分析零件有关精度要求和技术要求的基础上,才能合理选择加工方法、装夹方法、刀具及切削用量等。

①分析精度及各项技术要求是否齐全、是否合理。对采用数控加工的表面,其精度要求

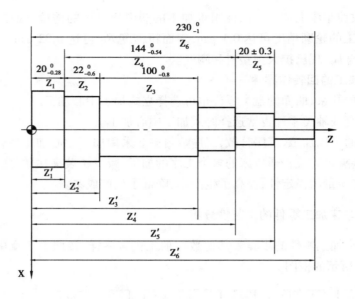

图 5.14　局部分散标注与坐标式标注

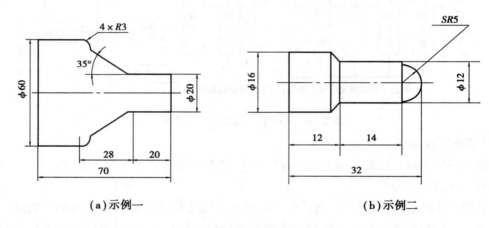

（a）示例一　　　　　　　　　　（b）示例二

图 5.15　几何要素缺陷

应尽量一致,以便最后能一刀连续加工。

②分析本工序的数控车削加工精度能否达到图纸要求,若达不到,需采用其他措施(如磨削)弥补,则应给后续工序留有余量。

③对于零件图上位置精度要求高的表面,应在一次安装下完成。

④对于表面粗糙度要求较高的表面,应采用恒线速切削。

（2）零件结构工艺性分析（见图 5.16）

零件结构工艺性分析是指零件对加工方法的适应性,即所设计的零件结构应便于加工成型。在数控车床上加工零件时,应根据数控车床的特点,认真分析零件结构的合理性。在结构分析时,若发现问题应及时与设计人员或有关部门沟通并提出相应修改意见和建议。

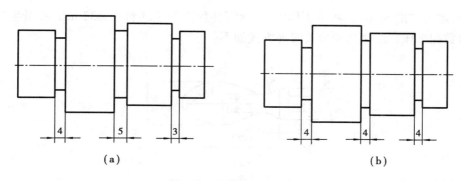

（a）　　　　　　　　　　　　　　　　　（b）

图 5.16　结构工艺性示例

5.2.3　拟订工艺路线

（1）加工方法的选择

回转体零件的结构形状虽然是多种多样的,但它们都是由平面、内、外圆柱面、圆锥面、曲面、螺纹等组成。每一种表面都有多种加工方法,实际选择时应结合零件的加工精度、表面粗糙度、材料、结构形状、尺寸及生产类型等因素全面考虑。

（2）工序的划分

数控车削加工工序划分常有以下 4 种方法:

1）按安装次数划分工序

以每一次装夹作为一道工序,这种划分方法主要适用于加工内容不多的零件。

将位置精度要求较高的表面安排在一次安装下完成,以免多次安装所产生的安装误差影响位置精度。适用于加工内容不多的零件。如图 5.17 所示为轴承内圈精车加工方案。

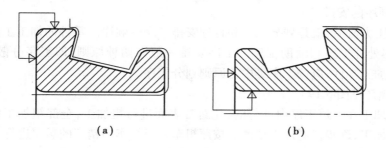

（a）　　　　　　　　　　　　（b）

图 5.17　轴承内圈精车加工方案

2）按加工部位划分工序

按零件的结构特点分成几个加工部分,每个部分作为一道工序。

3）按所用刀具划分工序

刀具集中分序法是按所用刀具划分工序,即用同一把刀或同一类刀具加工完成零件所有需要加工的部位,以达到节省时间、提高效率的目的。

4）按粗、精加工划分工序

对易变形或精度要求较高的零件常用这种方法。这种工序划分一般不允许一次装夹就完成加工,以粗加工中完成的那一部分工艺过程为一道工序,在粗加工时留出一定的加工余量,重新装夹后再完成精加工。这种方法适用于零件加工后易变形或精度要求较高的零件。

例如,加工如图 5.18(a)所示手柄零件,该零件加工所用坯料为 ϕ32 mm,批量生产,加工时用一台数控车床。工序的划分及装夹方式如下:

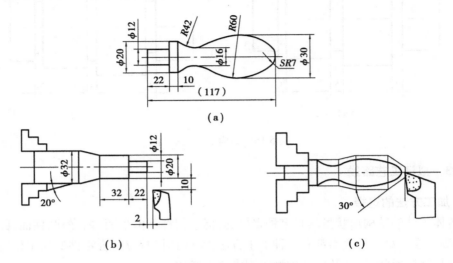

(a)

图 5.18　手柄加工示意图

工序 1:(见图 5.18(b)将一批工件全部车出,包括切断),夹棒料外圆柱面,工序内容有车出 ϕ12 mm 和 ϕ20 mm 两圆柱面→圆锥面(粗车掉 R42 mm 圆弧的部分余量)→转刀后按总长要求留下加工余量切断。

工序 2:(见图 5.18(c)),用 ϕ12 mm 外圆和 ϕ20 mm 端面装夹,工序内容有车削包络 SR7 mm 球面的 30°圆锥面→对全部圆弧表面半精车(留少量的精车余量)→换精车刀将全部圆弧表面一刀精车成型。

(3)加工顺序的安排

在选定加工方法后,就是划分工序和合理安排工序的顺序。零件的加工工序通常包括切削加工工序、热处理工序和辅助工序。工序安排一般有两种原则,即工序分散和工序集中。在数控车床上加工零件,应按工序集中的原则划分工序。

1)先粗后精(见图 5.19)

对于粗精加工在一道工序内进行的,先对各表面进行粗加工,全部粗加工结束后再进行半精加工和精加工,逐步提高加工精度。按照粗车→半精车→精车的顺序进行。

2)先近后远(见图 5.20)

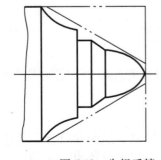

图 5.19　先粗后精

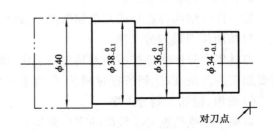

图 5.20　先近后远

在一般情况下,离对刀点近的部位先加工,离对刀点远的部位后加工,以便缩短刀具移动距离,减少空行程时间。并且有利于保持坯件或半成品件的刚度,改善其切削条件。如图5.20所示的零件,对这类直径相差不大的台阶轴,当第一刀的切削深度未超限时,刀具宜按 $\phi40$ mm→$\phi42$ mm→$\phi44$ mm 的顺序加工。如果按 $\phi44$ mm→$\phi42$ mm→$\phi40$ mm 的顺序安排车削,不仅会增加刀具返回对刀点所需的空行程时间,而且还可能使台阶的外直角处产生毛刺。

3)内外交叉

对既有内表面(内型、腔),又有外表面需加工的回转体零件,安排加工顺序时,应先进行内外表面粗加工,后进行内外表面精加工。加工内外表面时,通常先加工内型和内腔,然后加工外表面。

4)基面先行

用作精基准的表面应优先加工出来,因为定位基准的表面越精确,装夹误差就越小。

5)刀具集中

尽量用一把刀加工完相应各部位后,再换另一把刀加工相应的其他部位,以减少空行程和换刀时间。

5.2.4　走刀路线的确定

确定走刀路线的主要工作在于确定粗加工及空行程的进给路线等,因为精加工的进给路线基本上是沿着零件轮廓顺序进给的。走刀路线一般是指刀具从起刀点开始运动,直至返回该点并结束加工程序所经过的路径为止,包括切削加工的路径及刀具引入、切出等非切削空行程。

(1)刀具引入、切出

在数控车床上进行加工时,尤其是精车,要妥当考虑刀具的引入、切出路线,尽量使刀具沿轮廓的切线方向引入、切出,以免因切削力突然变化而造成弹性变形,致使光滑连接轮廓上产生表面划伤、形状突变或滞留刀痕等疵病。尤其是车螺纹时,必须设置升速进刀段(空刀导入量)δ_1 和减速退刀段(空刀导出量)δ_2(见图 5.21),这样可避免因车刀升降而影响螺距的稳定。δ_1、δ_2 一般按下式选取:$\delta_1 \geqslant 1 \times$ 导程;$\delta_2 \geqslant 0.75 \times$ 导程。

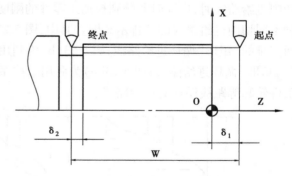

图 5.21　螺纹加工的导入、导出量

(2)最短的空行程路线

确定最短的走刀路线,除了依靠大量的实践经验外,还要善于分析,必要时可辅以一些简单计算。

1)合理设置程序循环起点

在车削加工编程时,许多情况下采用固定循环指令编程,如图 5.22 所示为采用矩形循环方式进行外轮廓粗车的一种情况示例。考虑加工中换刀的安全,常将起刀点设在离坯件较远的位置 A 点处,同时,将起刀点和循环起点重合,其走刀路线如图 5.22(a)所示:第一刀为 A→B→C→D→A;第二刀为 A→E→F→G→A;第三刀为 A→H→I→J→A。若将起刀点和循环起点分开设置,分别在 A 点和 B 点处,其走刀路线如图 5.22(b)所示:起刀点与对刀点分离的空行程为 A→B;第一刀为 B→C→D→E→B;第二刀为 B→F→G→H→B;第三刀为 B→I→J→K→B。显然,如图 5.22(b)所示走刀路线短。

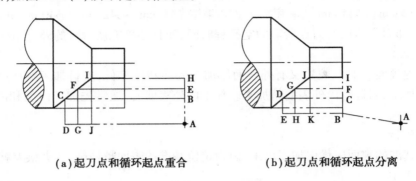

（a）起刀点和循环起点重合　　　　　（b）起刀点和循环起点分离

图 5.22　起刀点示意图

2)合理安排"回零"路线

合理安排"回零"路线(执行"回零"(即返回对刀点)指令),即合理安排返回换刀点。在手工编制较复杂轮廓的加工程序时,编程者有时将每一刀加工完后的刀具通过执行返回换刀点,使其返回到换刀点位置,然后再执行后续程序。这样会增加走刀路线的距离,从而降低生产效率。因此,在不换刀的前提下,执行退刀动作时,应不用返回到换刀点。安排走刀路线时,应尽量缩短前一刀终点与后一刀起点间的距离,方可满足走刀路线为最短的要求。

（3）粗加工（或半精加工）进给路线

1)常用的粗加工进给路线

切削进给路线短可有效地提高生产效率、降低刀具的损耗。在安排粗加工或半精加工的切削进给路线时,应同时兼顾到被加工零件的刚度及加工的工艺性要求。如图 5.23 所示为几种不同切削进给路线的安排示意图。其中,图 5.23(a)为利用数控系统具有的矩形循环功能而安排的"矩形"循环进给路线;图 5.23(b)为利用数控系统具有的三角形循环功能而安排的"三角形"循环进给路线;图 5.23(c)为利用数控系统具有的封闭式复合循环功能控制车刀沿工件轮廓等距线循环的进给路线。

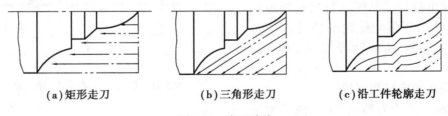

（a）矩形走刀　　　　　（b）三角形走刀　　　　　（c）沿工件轮廓走刀

图 5.23　走刀路线

对以上 3 种切削进给路线,经分析和判断可知,矩形循环进给路线的进给长度总和最短,即在同等条件下,其切削所需的时间(不含空行程)最短,刀具的损耗最少。但粗车后的精车余量不够均匀,一般需安排半精车加工。另外,矩形循环加工的程序段格式较简单,因此,在制订加工方案时,建议采用"矩形"走刀路线。

2）大余量毛坯的阶梯切削进给路线

如图 5.24 所示为车削大余量工件两种加工路线。

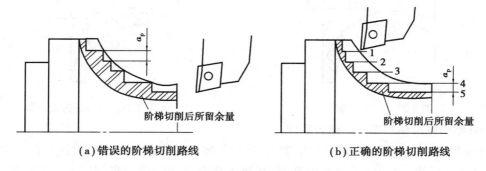

（a）错误的阶梯切削路线　　　　　（b）正确的阶梯切削路线

图 5.24　大余量毛坯的阶梯切削进给路线

3）双向切削进给路线

如图 5.25 所示为轴向和径向联动双向进刀的路线。

（4）精加工进给路线

1）完工轮廓的连续切削进给路线

在安排一刀或多刀进行的精加工进给路线时，其零件的完工轮廓应由最后一刀连续加工而成。

2）各部位精度要求不一致的精加工进给路线

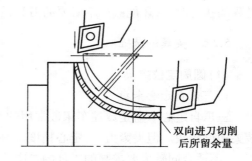

图 5.25　顺工件轮廓双向进给的路线

若各部位精度相差不是很大时，应以最严的精度为准，连续走刀加工所有部位；若各部位精度相差很大，则精度接近的表面安排同一把刀走刀路线内加工，并先加工精度较低的部位，最后再单独安排精度高的部位的走刀路线。

（5）特殊的进给路线（见图 5.26—图 5.28）

在数控车削加工中，一般情况下，Z 坐标轴方向的进给路线都是沿着坐标的负方向进给的，但有时按这种常规方式安排进给路线并不合理，甚至可能车坏工件。

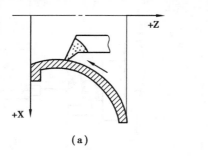
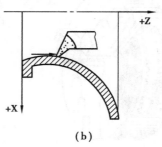

（a）　　　　　　　　　　　（b）

图 5.26　两种不同的进给方法

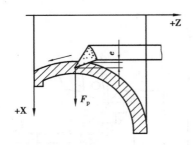

图 5.27　嵌刀现象

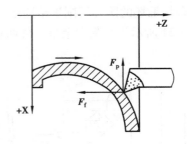

图 5.28　合理的进给方案

(6)零件轮廓精加工一次走刀完成

在安排可以一刀或多刀进行的精加工工序时,零件轮廓应由最后一刀连续加工而成,此时,加工刀具的进、退刀位置要考虑妥当,尽量不要在连续轮廓中安排切入、切出、换刀及停顿,以免因切削力突然变化而造成弹性变形,致使光滑连续的轮廓上产生表面划伤、形状突变或滞留刀痕等缺陷。

总之,在保证加工质量的前提下,使加工程序具有最短的进给路线,不仅可节省整个加工过程的执行时间,还能减少不必要的刀具耗损及机床进给滑动部件的磨损等。

5.2.5　夹具的选择

(1)圆周定位夹具

1)三爪自定心卡盘

三爪自定心卡盘是数控车床最常用的卡具,能自动定心,夹持范围大,一般不需要找正,装夹速度较快。但夹紧力小,定心精度不高。适合于装夹中小型圆柱形、正三边或正六边形工件,不适合同轴度要求高的工件的二次装夹。常见的三爪卡盘有机械式和液压式两种。数控车床上常采用液压卡盘,液压卡盘较适用于批量生产(见图 5.29)。

2)软爪

由于三爪自定心卡盘定心精度不高,当加工同轴度要求高的工件二次装夹时,常常使用软爪。软爪是在使用前配合被加工工件特别制造的,如加工成圆弧面、圆锥面或螺纹等形式,可获得理想的夹持精度(见图 5.30)。

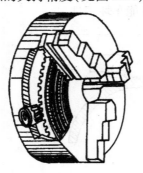

图 5.29　三爪卡盘示意图

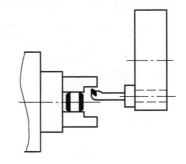

图 5.30　加工软爪

3）弹簧夹套

弹簧夹套定心精度高，装夹工件快捷方便，常用于精加工的外圆表面定位。弹簧夹套夹持工件的内孔是标准系列，并非任意直径。

4）四爪单动卡盘

四爪单动卡盘装夹时，夹紧力较大，装夹精度较高，不受卡爪磨损的影响，但夹持工件时需要找正，只能用于单件小批生产。适用于装夹偏心距较小、大型或形状不规则的工件（见图 5.31）。

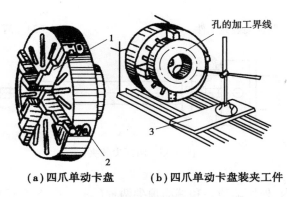

（a）四爪单动卡盘　　　（b）四爪单动卡盘装夹工件

图 5.31　四爪单动卡盘

1—卡爪；2—螺杆；3—木板

（2）中心孔定位夹具

1）两顶尖拨盘

对于轴向尺寸较大或加工工序较多的轴类工件，为保证每次装夹时的装夹精度，可用两顶尖装夹。两顶尖（活顶尖、死顶尖）装夹工件方便，不需找正，装夹精度高，适用于多工序加工或精加工（见图 5.32～图 5.34）。如图 5.35 所示，其前顶尖为普通顶尖，装在主轴孔内，并随主轴一起转动，后顶尖为活顶尖装在尾架套筒内。工件利用中心孔被顶在前后顶尖之间，并通过鸡心夹头带动旋转。

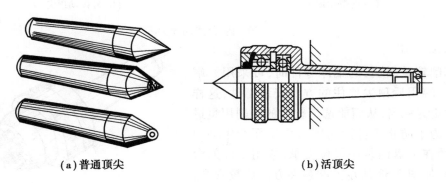

（a）普通顶尖　　　　　　　　　　　　（b）活顶尖

图 5.32　顶尖

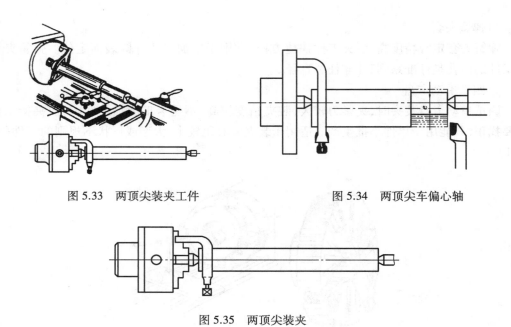

图 5.33　两顶尖装夹工件　　　　　　　　图 5.34　两顶尖车偏心轴

图 5.35　两顶尖装夹

2）拨动顶尖

常用拨动顶尖有内、外拨动顶尖和端面顶尖两种（图 5.36、图 5.37）。内、外拨动顶尖是通过带齿的锥面嵌入工件拨动工件旋转，端面拨动顶尖是利用端面的拨爪带动工件旋转，适合装夹直径为 $\phi50\sim\phi150$ mm 的工件。

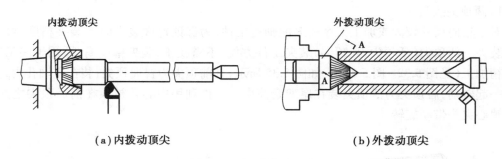

（a）内拨动顶尖　　　　　　　　　　（b）外拨动顶尖

图 5.36　内、外拨动顶尖

3）一夹一顶

在车削较重、较长的轴体零件时，可采用一端夹持，另一端用后顶尖顶住的方式安装工件，这样会使工件更为稳固，从而能选用较大的切削用量进行加工。为了防止工件因切削力作用而产生轴向窜动，必须在卡盘内装一限位支承，或用工件的台阶作限位，如图 5.38 所示。此装夹方法比较安全，能承受较大的轴向切削力，故应用很广泛。

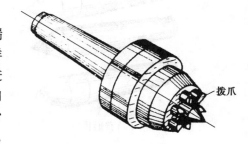

图 5.37　端面拨动顶尖

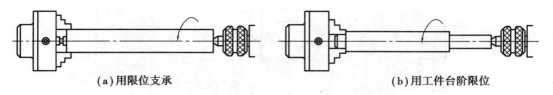

（a）用限位支承　　　　　　　　　　　　（b）用工件台阶限位

图 5.38　一夹一顶安装工件

（3）复杂、异形、精密工件的装夹

1）花盘

加工表面的回转轴线与基准面垂直、外形复杂的零件可装夹在花盘上加工（见图 5.39）。

2）角铁

加工表面的回转轴线与基准面平行、外形复杂的零件可装夹在角铁上加工（见图 5.40）。

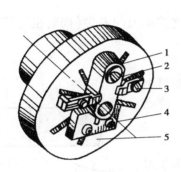

图 5.39　在花盘上装夹和找正连杆

1—连杆；2—圆形压板；3—压板；

4—V 形架；5—花盘

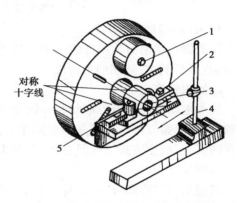

图 5.40　在角铁上装夹和找正轴承座

1—平衡铁；2—轴承座；3—角铁；

4—划针盘；5—压板

（4）心轴与弹簧卡头装夹

以孔为定位基准，用心轴装夹来加工外表面。以外圆为定位基准，采用弹簧卡头装夹来加工内表面。用心轴或弹簧卡头装夹工件的定位精度高，装夹工件方便、快捷，适合于装夹内外表面的位置精度要求较高的套类零件。

（5）利用其他工装夹具装夹

数控车削加工中有时会遇到一些形状复杂和不规则的零件，不能用三爪或四爪卡盘等夹具装夹，需要借助其他工装夹具装夹，如花盘、角铁等，对于批量生产时，还要采用专用夹具装夹。

5.2.6　刀具的选择

（1）常用车刀种类和用途

刀具选择是数控加工工序设计中的重要内容之一。常用数控车刀的种类、形状和用途如图 5.41 所示。

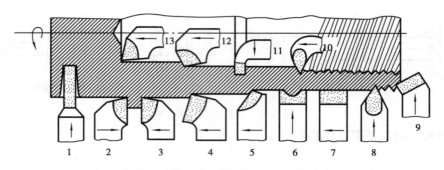

图 5.41　常用车刀的种类、形状和用途

1—切断刀；2—90°左偏刀；3—90°右偏刀；4—弯头车刀；5—直头车刀；

6—成型车刀；7—宽刃精车刀；8—外螺纹车刀；9—端面车刀；10—内螺纹车刀；

11—内槽车刀；12—通孔车刀；13—盲孔车刀

1）尖形车刀

以直线形切削刃为特征的车刀一般称为尖形车刀。这类车刀的刀尖（同时也为其刀位点）由直线形的主、副切削刃构成。

2）圆弧形车刀

构成主切削刃的刀刃形状为一圆度误差或线轮廓误差很小的圆弧，该圆弧刃每一点都是圆弧形车刀的刀尖。因此，刀位点不在圆弧上，而在该圆弧的圆心上（见图 5.42）。

3）成型车刀

成型车刀俗称样板车刀，其加工零件的轮廓形状完全由车刀刀刃的形状和尺寸决定。

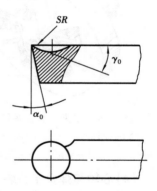

图 5.42　圆弧形车刀

（2）可转位刀片

可转位刀片的标记如下：

1　　2　　3　　4　　5　　6　　7　　8 - 9　　10

标记中，每一位字符串代表刀片某种参数的意义如下：

1——刀片的几何形状及其夹角。

2——刀片主切削刃后角（法后角）。

3——公差。表示刀片内接圆 d 与厚度 s 的精度级别。

4——刀片形状、固定方式或断屑槽。

5——刀片边长、切削刃长。

6——刀片厚度。

7——修光刀。刀尖圆角半径 r 或主偏角 κ_r 或修光刃后角 α_n。

8——切削刃状态。尖角切削刃或倒棱切削刃。

9——进刀方向或倒刃宽度。

10——各刀具公司的补充符号或倒刃角度。

例如，车刀可转位刀片：S N G M 16 06 12 E R-A3 型号表示的含义如下：

S——35°菱形刀片；N——法后角为 0°；G——刀尖位置尺寸允差（±0.025 mm），刀片厚度允差（±0.13 mm），内接圆公称直径允差（±0.025 mm）；M——一面有断屑槽，有中心定位孔；

16——切削刃长;06——刀片厚度;12——刀尖圆角半径 1.2 mm;E——倒圆刀刃;R——右手刀;A3——A 型断屑槽,断屑槽宽 3.2~3.5 mm。

(3)机夹可转位车刀的选用

为了充分利用数控设备、提高加工精度及减少辅助准备时间,减少换刀时间和方便对刀,便于实现机械加工的标准化,数控车床上广泛使用机夹可转位车刀。这种可转位刀片的机夹车刀,把经过研磨的可转位多边形刀片用夹紧组件夹在刀杆上,其夹紧方式如图 5.43 所示。车刀刀片每边都有切削刃,当某切削刃磨损钝化后,只需松开夹紧元件,将刀片转一个位置,即可用新的切削刃继续切削,只有当多边形刀片所有的刀刃都磨钝后,才需要更换刀片。

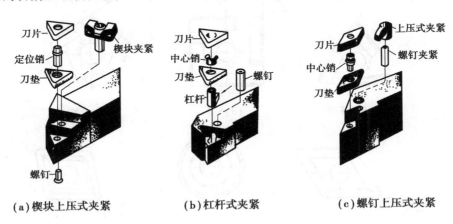

(a)楔块上压式夹紧 (b)杠杆式夹紧 (c)螺钉上压式夹紧

图 5.43 可转位车刀夹紧方式

1)刀片材质的选择

常见刀片材料有高速钢、硬质合金、涂层硬质合金、陶瓷、立方氮化硼和金刚石等,其中应用最多的是硬质合金和涂层硬质合金刀片。

2)刀片尺寸的选择

刀片尺寸的大小取决于必要的有效切削刃长度 L。有效切削刃长度与背吃刀量 a_p 和车刀的主偏角 κ_r 有关(见图 5.44),可查阅有关刀具手册选取。

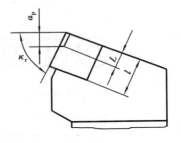

图 5.44 切削刃长度、背吃刀量与主偏角关系

3)刀片形状的选择

常见可转位车刀刀片形状及角度(见图 5.45)。一般外圆车削常用 80°凸三边形(W 型)、四方形(S 型)和 80°棱形(C 型)刀片。仿形加工常用 55°(D 型)、35°(V 型)菱形和圆形(R 型)刀片。90°主偏角常用三角形(T 型)刀片。

不同的刀片形状有不同的刀尖强度,一般刀尖角越大,刀尖强度越大(见图 5.46)。在机床刚性、功率允许的条件下,大余量、粗加工应选用刀尖角较大的刀片;反之,宜选用较小刀尖角的刀片。

4)刀尖圆弧半径的选择

刀尖圆弧半径的大小直接影响刀尖的强度及被加工零件的表面粗糙度。刀尖圆弧半径大,表面粗糙度值增大,切削力增大且易产生振动,但刀刃强度增加。通常在切深较小的精加

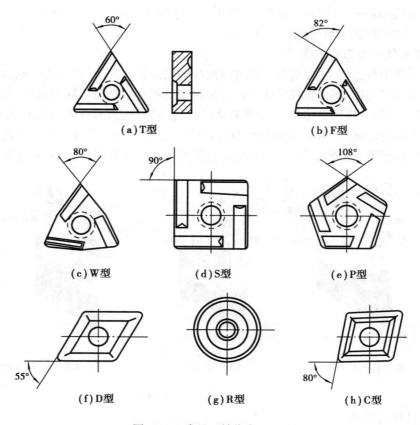

图 5.45　常见可转位车刀刀片

图 5.46　刀片形状、刀尖角度与性能关系

工、细长轴加工、机床刚度较差情况下,选用刀尖圆弧较小些;而在需要刀刃强度高、工件直径大的粗加工中,选用刀尖圆弧大些。

5)刀杆头部形式的选择

刀杆头部形式按主偏角和直头、弯头分有 1 518 种,有直角台阶的工件,可选主偏角大于或等于 90°的刀杆;一般粗车可选主偏角 45°~90°的刀杆;精车可选 45°~75°的刀杆;中间切入、仿形车则可选 45°~107.5°的刀杆;工艺系统刚性好时可选较小值,工艺系统刚性差时可选较大值。当刀杆为弯头结构时,则既可加工外圆,又可加工端面。如图 5.47 所示为几种不同主偏角车刀车削加工的示意图。

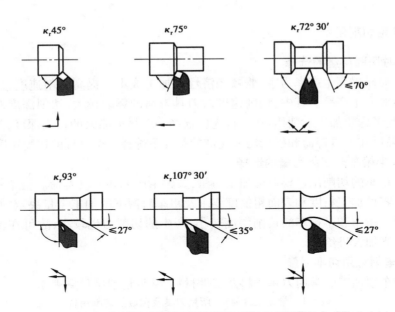

图 5.47 不同主偏角车刀车削加工的示意图

6）左右手刀柄的选择

左右手刀柄有 3 种选择：R（右手）、L（左手）和 N（左右手）。要注意区分左、右刀的方向，机床刀架是前置式还是后置式，前刀面是向上还是向下，主轴的旋转方向，以及需要的进给方向等。

7）断屑槽形的选择

断屑槽形的参数直接影响着切屑的卷曲和折断，槽形根据加工类型和加工对象的材料特性来确定：基本槽形按加工类型有精加工（代码 F）、普通加工（代码 M）和粗加工（代码 R）；加工材料按国际标准有加工钢的 P 类、不锈钢以及合金钢的 M 类和铸铁的 K 类。这两种情况一组合就有了相应的槽形，选择时可查阅具体的产品样本。例如，FP 就只用于钢的精加工槽形，MK 是用于铸铁普通加工的槽形等。

（4）成型加工刀具的选择

在加工成型面时要选择副偏角合适的刀具，以免刀具的副切削刃与工件产生干涉，如图 5.48 所示。

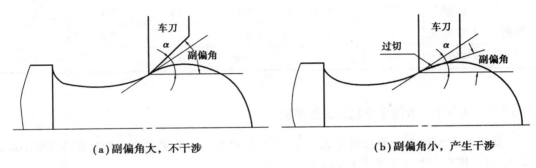

（a）副偏角大，不干涉   （b）副偏角小，产生干涉

图 5.48 副偏角对加工的影响

5.2.7 确定切削用量

(1)粗车时切削用量的选择

粗车时一般以提高生产率为主,兼顾经济性和加工成本。提高切削速度、加大进给量和切削深度都能提高生产率。其中,切削速度对刀具寿命的影响最大,切削深度对刀具寿命的影响最小,因此考虑粗加工切削用量时,首先应选择一个尽可能大的切削深度,其次选择较大的进给速度,最后在刀具寿命和机床功率允许的条件下选择一个合理的切削速度。

(2)精车、半精车时切削用量的选择

精车和半精车的切削用量要保证加工质量,兼顾生产率和刀具寿命。精车和半精车的切削深度是根据零件加工精度和表面粗糙度要求及粗车后留下的加工余量决定的,一般情况是一次去除余量。精车和半精车的切削深度较小,产生的切削力也较小,故可在保证表面粗糙度的情况下适当加大进给量。

(3)数控车削常用切削用量

对应数控车削加工的常用刀具材料及工件材料,常见切削用量见表5.1。

表 5.1 常见工件材料、所用刀具及相应的切削用量

刀具材料	工件材料	粗加工			精加工		
		切深/mm	走刀量 $/(mm \cdot r^{-1})$	切削速度 $/(m \cdot min^{-1})$	切深/mm	走刀量 $/(mm \cdot r^{-1})$	切削速度 $/(m \cdot min^{-1})$
硬质合金与涂层硬质合金	碳钢	5	0.3	220	0.4	0.12	260
	低合金钢	5	0.3	180	0.4	0.12	220
	高合金钢（退火）	5	0.3	120	0.4	0.12	160
	铸钢	5	0.3	80	0.4	0.12	140
	不锈钢	4	0.3	80	0.4	0.12	120
	钛合金	3	0.2	40	0.4	0.12	60
	灰铸铁	4	0.4	120	0.5	0.2	150
	球墨铸铁	4	0.4	100	0.5	0.2	120
	铝合金	3	0.3	1 600	0.5	0.2	1 600
陶瓷	淬硬钢	0.2	0.15	100	0.1	0.1	150
	球墨铸铁	1.5	0.4	350	0.3	0.2	380
	灰铸铁	1.5	0.4	500	0.3	0.2	550

5.2.8 轴类零件数控车削加工工艺举例

下面以如图5.49所示螺纹特形轴为例,介绍数控车削加工工艺。所用机床为TND360数控车床,其数控车削加工工艺分析如下:

(1)零件图工艺分析

采取以下3点工艺措施:

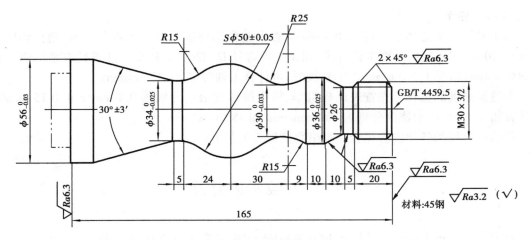

图 5.49　典型轴类零件简图

①对图样上给定的几个精度(IT8—IT7)要求较高的尺寸,因其公差数值较小,故编程时不必取平均值,而全部取其基本尺寸即可。

②在轮廓曲线上,有 3 处为过象限圆弧,其中两处为既过象限又改变进给方向的轮廓曲线,因此在加工时应进行机械间隙补偿,以保证轮廓曲线的准确性。

③为便于装夹,坯件左端应预先车出夹持部分(双点画线部分),右端面也应先粗车出并钻好中心孔。毛坯选 ϕ60 mm 棒料。

(2)确定装夹方案

确定坯件轴线和左端大端面(设计基准)为定位基准。左端采用三爪自定心卡盘定心夹紧、右端采用活动顶尖支承的装夹方式。

(3)确定加工顺序及进给路线

加工顺序按由粗到精、由近到远(由右到左)的原则确定。即先从右到左进行粗车(留0.25 mm精车余量),然后从右到左进行精车(见图 5.50),最后车削螺纹。

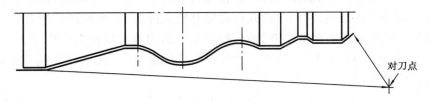

图 5.50　精车轮廓进给路线

(4)刀具选择

①选用 ϕ5 mm 中心钻钻削中心孔。

②粗车及平端面选用 90°硬质合金右偏刀,为防止副后刀面与工件轮廓干涉(可用作图法检验),副偏角不宜太小,选 $\kappa_r' = 35°$。

③为减少刀具数量和换刀次数,精车和车螺纹选用硬质合金 60°外螺纹车刀,刀尖圆弧半径应小于轮廓最小圆角半径,取 $r_\varepsilon = 0.15 \sim 0.2$ mm。

(5)切削用量的选择

①背吃刀量的选择。轮廓粗车循环时选 $a_p = 3$ mm,精车 $a_p = 0.25$ mm;螺纹粗车循环时选

$a_p = 0.4$ mm, 精车 $a_p = 0.1$ mm。

②主轴转速的选择。车直线和圆弧时,查表选粗车切削速度 $v_c = 90$ m/min、精车切削速度 $v_c = 120$ m/min,然后计算主轴转速(粗车工件直径 $D = 60$ mm,精车工件直径取平均值):粗车 500 r/min,精车 1 200 r/min。车螺纹时,可计算主轴转速 $n = 320$ r/min。

③进给速度的选择。先查表选择粗车、精车每转进给量分别为 0.4 mm/r 和 0.15 mm/r,再计算粗车、精车进给速度分别为 200 mm/min 和 180 mm/min。

将前面分析的各项内容综合后画出数控加工工艺卡。

5.3 数控车床对刀

对刀是数控加工中的主要操作和重要技能,用来确定工件在机床上的位置,对刀的目的是为了建立工件坐标系,直观地说,对刀是确立工件在机床工作台中的位置,实际上就是求对刀点在机床坐标系中的坐标。对于数控车床来说,在加工前首先要选择对刀点,对刀点是指用数控机床加工工件时,刀具相对于工件运动的起点。对刀点既可设在工件上(如工件上的设计基准或定位基准),也可设在夹具或机床上。若设在夹具或机床上的某一点,则该点必须与工件的定位基准保持一定精度的尺寸关系。对刀时,应使刀位点与对刀点重合,所谓刀位点,是指刀具的定位基准点,对于车刀来说,其刀位点是刀尖。对刀过程一般是从各坐标方向分别进行,它可理解为通过找正刀具与一个在工件坐标系中有确定位置的点(即对刀点)来实现。因此,对刀点找正的准确度直接影响加工精度,对刀效率会直接影响数控加工效率。除了了解对刀方法外,还要了解数控系统的各种对刀设置方式,以及这些方式在加工程序中的调用方法,同时要了解各种对刀方式的优缺点、使用条件等。在实际加工工件时,使用一把刀具一般不能满足工件的加工要求,通常要使用多把刀具进行加工。在使用多把车刀加工时,在换刀位置不变的情况下,换刀后刀尖点的几何位置将出现差异,这就要求不同的刀具在不同的起始位置开始加工时,都能保证程序正常运行。为了解决这个问题,机床数控系统配备了刀具几何位置补偿的功能,利用刀具几何位置补偿功能,只要事先把每把刀相对于某一预先选定的基准刀的位置偏差测量出来,输入数控系统的刀具参数补正栏指定组号里,在加工程序中利用 T 指令,即可在刀具轨迹中自动补偿刀具位置偏差。刀具位置偏差的测量同样也需通过对刀操作来实现。

如图 5.51 所示,O 是程序原点,O′是机床回零后以刀尖位置为参照的机床原点。

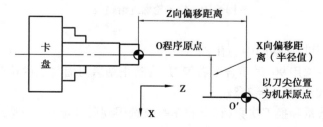

图 5.51 数控车削对刀原理

由于刀尖的初始位置(机床原点)与程序原点存在 X 向偏移距离和 Z 向偏移距离,使得实际的刀尖位置与程序指令的位置有同样的偏移距离,因此,须将该距离测量出来并设置进数控系统,使系统据此调整刀尖的运动轨迹。

对刀的方法有很多种,按对刀的精度可分为粗略对刀和精确对刀;按是否采用对刀仪可分为手动对刀和自动对刀;按是否采用基准刀,又可分为绝对对刀和相对对刀,等等。

5.3.1　试切法对刀

无论采用哪种对刀方式,都离不开试切对刀,试切对刀是最根本的对刀方法。试切法对刀是实际中应用得最多的一种对刀方法。

工件和刀具装夹完毕,驱动主轴旋转,移动刀架至工件试切一段外圆(注意切削的余量不要太大),X 坐标保持不变,然后沿着 Z 轴的相反的方面退刀到离开工件,测量出此时试切产品该段外圆的直径。将其输入相应的刀具参数中的刀长中,系统会自动用刀具当前 X 坐标减去试切出的那段外圆直径,即得到工件坐标系 X 原点的位置。再移动刀具试切工件一端端面,在相应刀具参数中的刀宽中输入 Z_0,系统会自动将此时刀具的 Z 坐标减去刚才输入的数值,即得工件坐标系 Z 原点的位置。

以如图 5.52 所示为例,试切对刀步骤如下:

①在手动操作方式下,用所选刀具在加工余量范围内试切工件外圆,记下此时显示屏中的 X 坐标值,记为 X_a。

②将刀具沿+Z 方向退回到工件端面余量处一点(假定为 a 点)切削端面,记录此时显示屏中的 Z 坐标值,记为 Z_a。

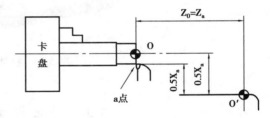

图 5.52　数控车削试刀对刀

③测量试切后的工件外圆直径,记为 ϕ。如果程序原点 O 设在工件端面(一般必须是已经精加工完毕的端面)与回转中心的交点,则程序原点 O 在机床坐标系中的坐标为

$$X_0 = X_a - \phi \tag{1}$$
$$Z_0 = Z_a$$

将 X_0、Z_0 设置到数控系统,即完成对刀设置。

实际上,找工件原点在机械坐标系中的位置并不是求该点的实际位置,而是找刀尖点到达 (0,0)时刀架的位置。采用这种方法对刀一般不使用标准刀,在加工之前需要将所要用到的刀具全部都对好。

镗刀的对刀方法基本相似。钻头最关键的就是要找准中心的位置,否则所钻的孔就会偏心,严重的情况可能把钻头折断。一般在找准中心的时候采用磁力表架上夹住一百分表,先把表架吸在卡盘上,表尖与钻头的表面接触,手动转动卡盘旋转,看看百分表的数值,可通过移动刀架调整到最佳的位置。

5.3.2　对刀仪自动对刀

现在很多车床上都装备了对刀仪(见图 5.53),使用对刀仪对刀可免去测量时产生的误差,大大提高对刀精度。由于使用对刀仪可自动计算各把刀的刀长与刀宽的差值,并将其存入系统中,在加工另外的零件的时候就只需要对标准刀,这样就大大节约了时间。需要注意的是,使用对刀仪对刀一般都设有标准刀具,在对刀的时候先对标准刀。不同的数控系统对刀操作略有区别。

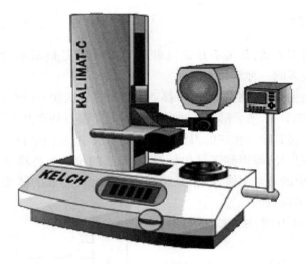

图 5.53　机外对刀仪对刀

5.4　数控车床的基本操作

本节将以 CK6142 数控车床(数控系统为 FANUC Series 0i Mate—TC)为例具体介绍数控车床的基本操作。

5.4.1　系统的功能技术参数

- 控制轴数:X、Z 两轴联动+主轴变频接口。
- 插补运算:直线插补、圆弧插补、螺纹插补。
- 螺纹切削:公/英制螺纹、多头螺纹、锥度螺纹,螺纹切削高速退尾。
- 脉冲当量:X 轴为 0.000 5 mm;Z 轴为 0.001 mm。
- 运行方式:手动点动、手动增量方式、自动运行。
- 编程方式:绝对坐标、增量坐标混合编程,X 轴直径编程。
- 编程数值:±99 999.999 mm。
- 最大快速移动速度:240 000 mm/min。
- 进给速度范围:每分进给:1~240 000 mm/min;每转进给:0.001~500.000 0 mm/r。
- 增量进给:0.001、0.01、0.1、1 mm/步。
- 换刀补偿:允许补偿尺寸 0~±999.999 mm。
- 停刀时间:0~99 999.999 sec。

● 程序输入方式：键盘输入，RS232 串口通信。

● 辅助功能：主轴正、反、停控制；冷却液开关控制。

5.4.2　使用的注意事项

（1）数控车床安全操作规程

①操作人员必须熟悉机床使用说明书等有关资料。如主要技术参数、传动原理、主要结构、润滑部位及维护保养等一般知识。

②开机前应对机床进行全面细致的检查，确认无误后方可操作。

③机床通电后，检查各开关、按钮和按键是否正常、灵活，机床有无异常现象。

④检查电压、油压是否正常，有手动润滑的部位先要进行手动润滑。

⑤各坐标轴手动回零（机械原点）。

⑥程序输入后，应仔细核对。其中包括代码、地址、数值、正负号、小数点及语法。

⑦正确测量和计算工件坐标系，并对所得结果进行检查。

⑧输入工件坐标系，并对坐标、坐标值、正负号及小数点进行认真核对。

⑨未装工件前，空运行一次程序，看程序能否顺利运行，刀具和夹具安装是否合理，有无超程现象。

⑩无论是首次加工的零件，还是重复加工的零件，首件都必须对照图纸、工艺规程、加工程序和刀具调整卡，进行试切。

⑪试切时快速进给倍率开关必须打到较低挡位。

⑫每把刀首次使用时，必须先验证它的实际长度与所给刀补值是否相符。

⑬试切进刀时，在刀具运行至工件表面 30～50 mm 处，必须在进给保持下，验证 Z 轴和 X 轴坐标剩余值与加工程序是否一致。

⑭试切和加工中，刃磨刀具和更换刀具后，要重新测量刀具位置并修改刀补值和刀补号。

⑮程序修改后，对修改部分要仔细核对。

⑯手动进给连续操作时，必须检查各种开关所选择的位置是否正确，运动方向是否正确，然后再进行操作。

⑰必须在确认工件夹紧后才能启动机床，严禁工件转动时测量、触摸工件。

⑱操作中出现工件跳动、打抖、异常声音、夹具松动等异常情况时必须立即停车处理。

⑲加工完毕，清理机床。

（2）数控车床日常维护及保养

1）每日检查要点

①接通电源前的检查：

a.检查机床的防护门、电柜门等是否关闭。

b.检查冷却液、液压油、润滑油的油量是否充足。

c.检查所选择的液压卡盘的夹持方向是否正确。

d.检查工具、量具等是否已准备好。

e.检查切削槽内的切屑是否已清理干净。

②接通电源后检查：

a.检查操作面板上的指示灯是否正常,各按钮、开关是否处于正确位置。

b.显示屏上是否有报警显示,若有问题应及时予以处理。

c.液压装置的压力表指示是否在所要求的范围内。

d.各控制箱的冷却风扇是否正常运转。

e.刀具是否正确夹紧在刀架上,回转刀架是否可靠夹紧,刀具是否有损伤。

f.若机床带有导套、夹簧,应确认其调整是否合适。

③机床运转后的检查:

a.运转中,主轴、滑板处是否有异常噪声。

b.有无异常现象。

2)月检查要点

①检查主轴的运转情况。

主轴以最高转速一半左右的转速旋转30 min,用手触摸壳体部分,若感觉温和即为正常。

②检查X、Z轴的滚珠丝杠。

若有污垢,应清理干净。若表面干燥,应涂润滑脂。

③检查X、Z轴行程限位开关、各急停开关动作是否正常。

可用手按压行程开关的滑动轮,若有超程报警显示,说明限位开关正常。同时清洁各接近开关。

④检查回转刀架的润滑状态是否良好。

⑤检查导套装置。

a.检查导套内孔状况,看是否有裂纹、毛刺。若有问题,予以修整。

b.检查并清理导套前面盖帽内的切屑。

⑥检查并清理冷却液槽内的切屑。

⑦检查液压装置:

a.检查压力表的工作状态。通过调整液压泵的压力,检查压力表的指针是否工作正常。

b.检查液压管路是否有损坏,各管接头是否有松动或漏油现象。

⑧检查润滑装置:

a.检查润滑泵的排油量是否符合要求。

b.检查润滑油管路是否损坏,管接头是否有松动、漏油现象。

3)6个月检查要点

①检查主轴:

a.检查主轴孔的振摆。将千分表探头伸入卡盘套筒的内壁,然后轻轻地将主轴旋转1周,指针的摆动量小于出厂时精度检查表的允许值即可。

b.检查主轴传动皮带的张力及磨损情况。

c.检查编码盘用同步皮带的张力及磨损情况。

②检查刀架。主要看换刀时其换位动作的连贯性,以刀架夹紧、松开时无冲击为好。

③检查导套装置。用手沿轴向拉导套,检查其间隙是否过大。

④检查润滑泵装置浮子开关的动作状况。可用润滑泵装置抽出润滑油,看浮子落至警戒线以下时,是否有报警指示以判断浮子开关的好坏。

⑤检查各插头、插座、电缆、各继电器的触点是否接触良好;检查各印刷电路板是否干净;

检查主电源变压器、各电机的绝缘电阻(应在 IMO 以上)。

⑥检查断电后保存机床参数、工作程序用后备电池的电压值,视情况予以更换。

5.4.3　数控车床面板

(1)数控车床面板组成

CK6142 数控车床(数控系统为 FANUC Series 0i Mate—TC)的机床总面板由 CRT 显示屏、控制面板、操作面板 3 部分组成,如图 5.54 所示。

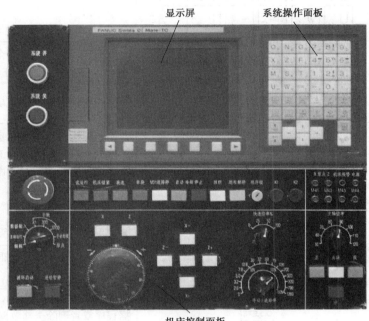

图 5.54　CK6142 车床总面板

(2)系统操作面板

数控系统操作面板主要用于控制程序的输入与编辑,同时显示机床的各种参数设置和工作状态,如图 5.55 所示。各按钮的含义见表 5.2 中的具体说明。

表 5.2　FANUC Series 0i Mate—TC 系统操作面板按钮功能

序号	名　称	按钮符号	按钮功能
1	复位键	RESET	按下此键可使 CNC 复位,消除报警信息
2	帮助键	HELP	按此键用来显示如何操作机床,如 MDI 键的操作。可在 CNC 发生报警时提供报警的详细信息
3	软键		根据其使用场合,软键有各种功能。软键功能显示在 CRT 屏幕的底端

续表

序号	名 称	按钮符号	按钮功能
4	地址和数字键	O P N Q G R 7 A 8 B X C Z Y F L 4 ↑ 5 W↓ 6 SP→ M I S K T J 1 , 2 ↓ 3 . U H W V EOB E − + 0 * . /	按这些键可以输入字母、数字及其他符号
5	换挡键	⇧ SHIFT	在有些键的顶部有两个字符,按此键和字符键,选择下端小字符
6	输入键	INPUT	将数据域中的数据输入指定的区域中
7	取消键	CAN	用于删除已输入键入缓冲区的数据 例如,当显示键入缓冲区数据为 N001X100Z—时按此键,则字符 Z 被取消,并显示:N1OO1X100
8	编辑键	ALTER	用输入的数据替代光标所在的数据
9		INSERT	把输入域之中的数据插入当前光标之后的位置
10		DELETE	删除光标所在的数据,或者删除一个数据程序或者删除全部数据程序
11	功能键	POS	在 CRT 中显示坐标值
		PROG	CRT 将进入程序编辑和显示界面
		OFS/SET	CRT 将进入参数补偿显示界面
		SYSTEM	系统参数显示界面
		MESSAGE	信息显示界面
		CSTM/GR	在自动运行状态下将数控显示切换至轨迹模式

续表

序号	名　称	按钮符号	按钮功能
12	光标移动键		移动 CRT 中的光标位置。软键 ↑ 实现光标的向上移动；软键 ↓ 实现光标的向下移动；软键 ← 实现光标的向左移动；软键 → 实现光标的向右移动
13	翻页键		软键 ↑PAGE 实现左侧 CRT 中显示内容的向上翻页；软键 PAGE↓ 实现左侧 CRT 显示内容的向下翻页

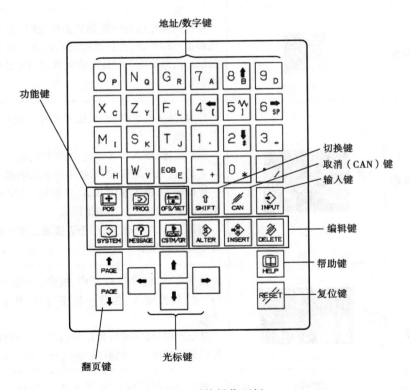

图 5.55　系统操作面板

(3)机床控制面板

机床控制面板如图 5.56 所示。各按钮的含义见表 5.3 中的具体说明。

图 5.56 机床控制面板

表 5.3 CK6132 数控车床控制面板按钮功能

序号	名　　称	符　　号	功　　能
1	系统开关		按下绿色按钮,启动数控系统 按下红色按钮,关闭数控系统
2	急停按钮		在机床操作过程中遇到紧急情况时,按下此按钮使机床移动立即停止,并且所有的输出如主轴的转动等都会关闭。按照按钮上的旋向旋转该按钮使其弹起来消除急停状态
3	模式选择		原点:进入回零模式,机床必须首先执行回零操作,然后才可以运行 手动连续:进入手动模式,连续移动机床 手轮:进入手轮模式,选择手轮移动倍率 数据输入:进入 MDI 模式,手动输入指令并执行 自动运行:进入自动加工模式 编辑:进入编辑模式,用于直接通过操作面板输入数控程序和编辑程序
4	循环启动与进给暂停		循环启动:程序运行开始,模式选择按钮在"自动运行"或"数据输入"位置时按下有效,其余模式下使用无效 进给暂停:程序运行暂停,在程序运行过程中,按下此按钮运行暂停,再按循环启动从暂停的位置开始执行
5	进给轴选择		在"手动连续"模式下,按住各按钮,向 X-/X+/Z-/Z+方向移动机床。如果同时按住中间按钮和相应各轴按钮,则实现该方向上的快速移动

序号	名称	符　号	功　能
6	手轮		在"手轮"模式下,通过按下 X 或 Z 按钮选择进给轴,然后正向或反向摇动手轮手柄实现该轴方向上的正向或反向移动,手轮进给倍率有×1、×10、×100 这 3 种,分别代表移动量为 0.001 mm、0.01 mm、0.1 mm
7	进给倍率调节		旋转旋钮在不同的位置,调节手动操作或数控程序自动运行时的进给速度倍率,调节范围为 0~150%
8	快速进给倍率调节		旋转旋钮在不同的位置,调节机床快速运动的进给倍率,有 4 挡倍率即 F0、25%、50% 和 100%。该功能主要用于①指定 G00 快速移动速度;②指定固定循环间的快速移动;③手动快速移动;④手动或自动返回参考点(G27、G28 等)的快速移动
9	主轴倍率调节		旋转旋钮在不同的位置,调节主轴转速倍率,调节范围为 50%~120%
10	主轴控制		按住各按钮,主轴正转/反转/停转
11	运行方式		试运行:系统进入空运行状态,可与机床锁定配合使用 机床锁紧:按下此按钮,机床被锁定而无法移动 跳选:当此按钮按下时程序中的"/"有效 单段:按此按钮后,运行程序时每次执行一条数控指令
12	选择停止		当此按钮按下时,程序中的"M01"代码有效
13	冷却液开关		按下绿色按钮,打开冷却液 按下红色按钮,关闭冷却液
14	照明开关		当此按钮按下时,照明灯打开
15	超程解除		当屏幕显示超程报警时,按下此按钮解除超程
16	机床锁		对存储的程序起保护作用,当程序锁锁上后,不能对存储的程序进行任何操作
17	指示灯		X、Z 原点:X、Z 轴回到参考点,相应轴的指示灯亮 机床报警:机床产生报警时,报警灯亮 电源:机床启动后,电源灯亮 M41、M42、M43、M44:设置主轴转速的挡位

5.4.4 数控车床操作

(1)开机与关机

开机:首先将机床开关"▬"打开至"ON"状态,然后启动系统电源开关"◎"启动数控系统,电源指示灯"▣"亮表示启动成功。

关机:首先按下系统电源开关"◎",然后将机床开关"▬"打到"OFF"状态,电源指示灯"▣"灭表示已经完成关机操作。

(2)手动操作

1)手动返回参考点

手动返回参考点的步骤如下:

- 将模式选择开关"▦"选择至"原点"位置。

- 为了减小速度,按快速进给倍率调节开关"◉"调节。

- 按与返回参考点相应的进给轴和方向选择开关"✛",按住开关直至刀具返回参考点。

- X、Z原点灯"▣"亮表示刀具已经返回参考点。

注意:在返回参考点的过程中,当出现超程报警时,消除超程报警的步骤如下:

- 将模式选择开关"▦"旋转至"手动连续"位置。

- 按下超程解除按钮"▭",然后按与超程方向相反的方向按钮"✛"来移动机床消除报警。

2)手动连续进给(JOG进给)操作

手动连续进给操作的步骤如下:

- 将模式选择开关"▦"旋转至"手动连续"位置。

- 按住进给轴和方向选择开关"✛",机床向相应的方向进行运动,当释放开关,则机床停止运动。

- 手动连续进给速度可由手动连续进给速度倍率按钮"◉"来调节,调节范围为0~150%。

- 如同时按住中间的快速移动开关和进给轴及进给方向选择开关"✛",机床向相应的方向快速移动,移动速度倍率通过快速进给倍率开关"◉"调节。

3)手轮进给操作

手轮进给操作的步骤如下:

● 将模式选择开关""旋转至"手轮"位置,供选择的位置有×1、×10、×100 这 3 个位置。

● 通过按下进给轴选择按钮"",选择手轮进给轴。

● 正向或反向摇动手轮手柄""实现该轴方向上的正向或反向移动,手轮进给倍率有×1、×10、×100 这 3 种,分别代表移动量为 0.001 mm、0.01 mm、0.1 mm。

4)主轴旋转控制

主轴旋转控制步骤如下:

● 将模式选择开关""旋转至"手动连续"或"手轮"位置。

● 按下主轴控制正绿色按钮"",主轴正转;按下主轴控制反绿色按钮"",主轴反转;按下主轴控制停红色按钮"",主轴停转。

● 同时按下点动按钮""和"",主轴正转,释放按钮,主轴停转;同时按下点动按钮""和"",主轴反转,释放按钮,主轴停转。

5)冷却液开关控制

● 将模式选择开关""旋转至"手动连续"或"自动运行"位置。

● 按下冷却液启动绿色按钮"",打开冷却液;按下冷却液停止红色按钮"",关闭冷却液。

(3)程序的编辑

1)建立一个新程序

● 将模式选择开关""旋转至"编辑"位置。

● 按功能键""显示程序画面。

● 输入程序号,如 O0001。

● 按功能键"",显示 O0001 程序画面,在此输入程序。

2)字的插入、修改和删除

● 将模式选择开关""旋转至"编辑"位置。

● 按功能键""显示程序画面。

● 选择要编辑的程序。

● 例如,在 G00 后插入 G42,将光标移动到 G00 处,按插入键"",则 G42 被插入。

● 例如,将 X20.0 修改为 25.0,将光标移动到 X20.0 处,输入"25.0",按修改键"",则 X20.0 被修改为 X25.0。

● 例如,将 Z56.0 删除,将光标移动到 Z56.0 处,按删除键"",则 Z56.0 被删除。

3)程序的扫描

● 将模式选择开关""旋转至"编辑"位置。

- 按功能键"⊡"显示程序画面。

- 选择要编辑的程序。

- 按下光标移动键"⬆""⬇""⬅""➡",实现光标向上、向下、向左、向右移动。

- 按下翻页键"⬆""⬇",实现向上、向下翻页。

4)程序的删除

删除一个程序：

- 将模式选择开关"⊙"旋转至"编辑"位置。

- 按功能键"⊡"显示程序画面。

- 输入要删除的程序号,如 O0005。

- 按删除键"✐",则程序 O0005 被删除。

删除全部程序：

- 将模式选择开关"⊙"旋转至"编辑"位置。

- 按功能键"⊡"显示程序画面。

- 输入"O-9999"。

- 按删除键"✐",则存储器内的全部程序被删除。

删除指定范围的多个程序：

- 将模式选择开关"⊙"旋转至"编辑"位置。

- 按功能键"⊡"显示程序画面。

- 输入 OXXXX,OYYYY,其中 XXXX 为起始号,YYYY 为结束号。

- 按删除键"✐",则 XXXX 到 YYYY 之间的所有程序被删除。

(4) MDI 操作

MDI 运行方式步骤如下：

- 将模式选择开关"⊙"旋转至"数据输入"位置。

- 按 MDI 面板上的按键"⊡"显示程序画面。

- 与普通程序编辑方法类似,编制要执行的程序。

- 为了删除在 MDI 中建立的程序,输入程序名,按删除键"✐"删除程序。

- 为了运行在 MDI 中建立的程序,按下循环启动按钮"▨"即可。

- 为了中途停止或结束 MDI 运行,按以下步骤进行：

➤停止 MDI 运行

按机床操作面板上进给暂停按钮"▨",进给暂停灯亮而循环启动灯灭。

➤终止 MDI 运行

按 MDI 面板上的复位键"▨",自动运行结束并进入复位状态。

（5）程序运行

1）自动运行

自动运行的操作步骤如下：

- 将模式选择开关"▣"旋转至"自动运行"位置。

- 从存储的程序中选择一个程序，为此，按以下的步骤来执行：

- 按功能键"▣"显示程序画面。

- 按地址键"O P"和数字键输入程序名。

- 按功能键"▣"，显示程序。

- 将光标移动至程序头位置。

- 按机床面板上的循环启动按钮"▣"，自动运行启动，而且循环启动灯亮，当自动运行结束，循环启动灯灭。

- 为了中途停止或取消存储器运行，按以下步骤执行：

➢停止自动运行

按机床操作面板上进给暂停按钮"▣"，进给暂停灯亮而循环启动灯灭。在进给暂停灯点亮期间按下机床操作面板上的循环启动按钮"▣"，机床运行重新开始。

➢结束存储器运行

按 MDI 面板上的复位键"▣"，自动运行结束并进入复位。

2）试运行

机床锁住和辅助功能锁住步骤：

- 打开需要运行的程序，且将光标移动到程序头位置。

- 将模式选择开关"▣"旋转至"自动运行"位置。

- 同时按下机床操作面板上的试运行开关"▣"和机床锁住开关"▣"，机床进入锁紧状态，机床不移动，但显示器上各轴位置在改变。

- 为了检验刀具运行轨迹，按下功能键"▣"和图形软键" GRAPH "，则屏幕上显示刀具轨迹。

3）单段运行

单段运行步骤：

- 打开需要运行的程序，且将光标移动至程序头位置。

- 将模式选择开关"▣"旋转至"自动运行"位置。

- 按下机床操作面板上的单段开关"▣"。

- 按循环启动按钮"▣"执行该程序段，执行完毕后光标自动移动至下一个程序段位置，按下循环启动按钮"▣"，依次执行下一个程序段直至程序结束。

(6)数据的输入/输出

- 确认输入设备已准备就绪。
- 将模式选择开关"⟨图⟩"旋转至"编辑"位置。
- 按功能键"⟨图⟩"显示程序画面。
- 按软键"**OPRT**"。

5.5　零件车削加工实例

下面举例介绍车削的数控加工过程。

例5.1　先粗加工后精加工,加工如图5.57所示的零件。毛坯尺寸为 φ50 mm,如图5.58所示。各工步图中粗实线为已加工表面,虚线为待加工表面,短双点画线为本工步加工表面,如图5.59~图5.66所示。

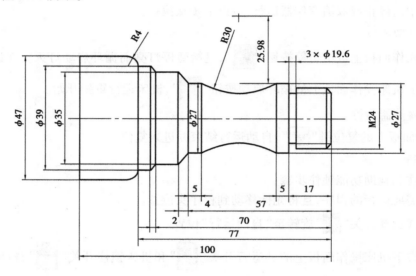

图 5.57　零件图

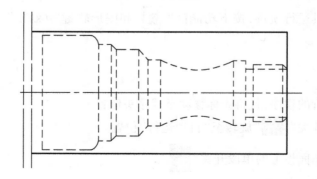

图 5.58　毛坯外形

工步 1:粗、精车端面,粗车 ϕ48 外圆(见图 5.59)。

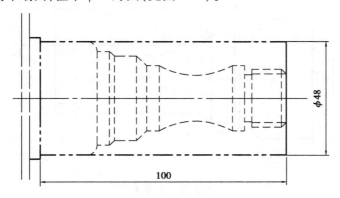

图 5.59　工步 1

工步 2:车 ϕ40 外圆,倒 R4 圆弧(见图 5.60)。

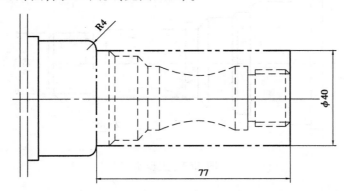

图 5.60　工步 2

工步 3:粗车 ϕ36 外圆,倒角 2×45°(见图 5.61)。

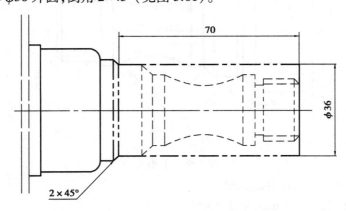

图 5.61　工步 3

工步 4:车 ϕ28 外圆,倒角 4×45°(见图 5.62)。

工步 5:粗、精车 ϕ24 外圆及倒角 2×45°(见图 5.63)。

工步 6:车 R30 圆弧(见图 5.64)。

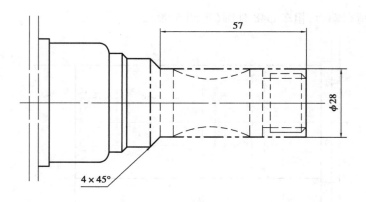

图 5.62　工步 4

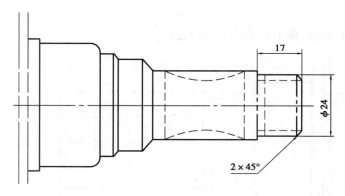

图 5.63　工步 5

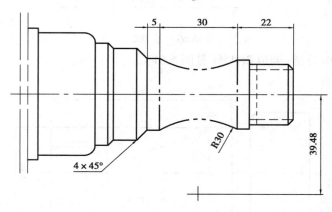

图 5.64　工步 6

工步 7:车 ϕ19.6 退刀槽(见图 5.65)。

工步 8:车螺纹(螺距 1.5 mm,见图 5.66)。

工步 9:精加工工件。

加工准备:

● 因为该工件加工需换刀,因此,在开始加工前,需用系统的"手动对刀"功能先对刀。

● 设定 T01 刀为左偏刀,T02 为切槽刀(刀宽 3 mm),T03 为螺纹刀,T04 为圆弧车刀。

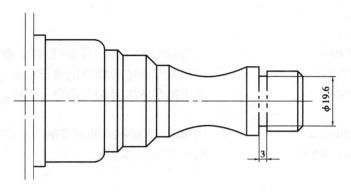

图 5.65　工步 7

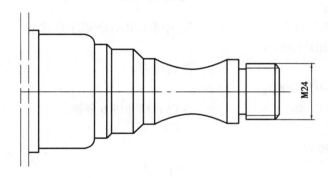

图 5.66　工步 8

● 设定主轴粗车速度 S400,主轴精车速度 S700。

● 用"手动运行"功能将起刀点置于距离工件轴心线 50 mm,距离待加工端面 80 mm 的位置(确保换刀时不发生干涉)。

● 加工程序采用相对坐标编程,增量值用 U、W 表示,尺寸单位为 mm。

程序段如下:

N0000 M03 S400;　　　　　　　　启动主轴,转速 S400。

N0010 T0101;　　　　　　　　　　选用刀具 T01。

N0020 G04 P3000;　　　　　　　　暂停 3 s。

N0030 G01 W-81 F2000 M08;　　　粗车端面切削量 1 mm,开冷却液。

N0040 U-100 F200;　　　　　　　粗车端面,进给速度 200 mm/min。

N0050 W10 F2000;

N0060 G27;

N0070 G01 W-10.5 F500;　　　　精车端面切削量 0.5 mm。

N0080 U-100 F100;　　　　　　　精车端面,进给速度 100 mm/min。

N0090 Wl0 F2000;

N0100 U48;　　　　　　　　　　粗车 φ48 外圆切削量 1 mm。

N0110 W-110 F200;　　　　　　　粗车 φ48 外圆长度 100 mm。

N0120 U20 F2000;　　　　　　　粗车 φ40 外圆准备。

N0130 W110；

N0140 U-20；

N0150 M98 P2000 18；　　　　调用粗车 φ40 外圆及 R4 圆弧子程序。

N0160 M98 P3000 L4；　　　　调用粗车 φ36 外圆及倒角子程序。

N0170 M98 P4000 L8；　　　　调用粗车 φ28 外圆及倒角子程序。

N0180 M98P6000L4；　　　　　调用粗、精车 φ24 外圆及倒角子程序。

N0190 G01 U26 F2000；　　　　粗车 R30 圆弧准备。

N0200 W70；

N0210 T0404；

N0220 W-102；

N0230 M98 P5000 L8；　　　　调用粗车 R30 圆弧子程序。

N0240 G01 W102 F2000；

N0250 T0202；　　　　　　　　换切槽刀。

N0260 G01 W-97 F2000；

N0270 U-18.4 F100；　　　　　车退刀槽 φ19.6 外圆。

N0280 U18.4；

N0290 W97 F2000；

N0300 T0303；　　　　　　　　换螺纹刀。

N0310 S700；　　　　　　　　　主轴转速。

N0320 G04 P3000；

N0330 G01 U-14 F2000；　　　车螺纹准备。

N0340 W-70；

N0350 M98 P7000 L6；　　　　调用车螺纹（螺距 1.5 mm）子程序。

N0360 G27；

N0370 G28；

N0380 T0101；　　　　　　　　换左偏刀。

N0390 G01 U-73 F2000；　　　精车准备。

N0400 W-81.5；

N0410 W-57 F100；　　　　　　精车 φ27 外圆。

N0420 U8 W-4；　　　　　　　　精车 4×45° 倒角。

N0430 W-9；　　　　　　　　　　精车 φ35 外圆。

N0440 U4 W-2；　　　　　　　　精车 2×45° 倒角。

N0450 W-5；　　　　　　　　　　精车 φ39 外圆。

N0460 G02 10 K4 U8 W-4 F100；　精车 R4 圆弧。

N0470 G01 W-19 F100；　　　　精车 φ47 外圆。

N0480 G27；

N0490 G28；

N0500 T03；

N0510 G01 W−103.5 F2000；

N0520 U−60；

N0530 U−13 F200；

N0540 G03 I−51.96 K15 U0 W−30 F100；

N0550 G27；

N0560 G28；

N0570 M05；　　　　　　　　　主轴停止。

N0580 M02；　　　　　　　　　程序结束。

N2000 G01 U−1 F2000；　　　　粗车 ϕ40 外圆及 R4 圆弧子程序。

N2010 W−87 F200；

N2020 G02 10 K4 U8 W−4 F200；

N2030 G01 W91 F2000；

N2040 U−8；

N2040 M99；

N3000 G01 U−1 F2000；　　　　粗车 ϕ36 外圆及倒角子程序。

N3010 W−80 F200；

N3020 U4 W−2；

N3030 W82 F2000；

N3040 U−4；

N3050 M99；

N4000 G01 U−1 F2000；　　　　粗车 ϕ28 外圆及倒角子程序。

N4010 W−67 F200；

N4020 U8 W−4；

N4030 W71 F2000；

N4040 U−8；

N4050 M99；

N5000 G01 U−11 F200；　　　　粗车 R30 圆弧子程序。

N5010 G03 I−51.96 K15 U0 W−30 F200；

N5020 G01 U10 F2000；

N5030 W30；

N5040 M99；

N6000 G01 U−1 F2000；　　　　粗车 ϕ24 外圆及倒角子程序。

N6010 W−10 F200；

N6020 G01 U4 W−2 F100；

N6030 W−15；

N6040 U6 F2000；

N6050 W27；

N6060 U−10；

N6070 M99；

N7000 G01 U−0.5 F2000；　　　　　　车螺纹（螺距1.5 mm）子程序。

N7010 G32 W−24 K1.5 I0 H0；

N7020 G01 U10 F200；

N7030 W24；

N7040 U−10；

N7050 M99；

例 5.2　车削零件如图 5.67 所示。选用 $\phi40\times100$ mm 的圆棒料作为毛坯。使用 T0101 作为外圆粗、精车刀，T0303 为切槽刀（宽4 mm）。选用起刀点为换刀点。粗加工时，假定主轴转速 $S=550$ r/min，进给速度 $F=0.2$ mm/r，粗车循环时，每次切削深度 2.0 mm，每次退刀 0.5 mm。精车余量 X 方向（直径值）0.4 mm，Z 向 0.2 mm，精车主轴转速 $S=600$ r/min，进给速度 $F=0.2$ mm/r，切断主轴转速 $S=300$ r/min。试手工编写该零件的车削加工程序。

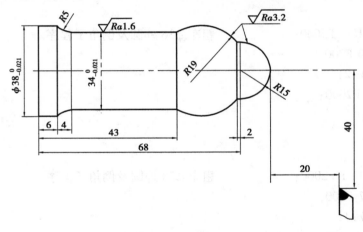

图 5.67　零件图

程序代码：

O00001

G50 X80 Z20；	G03 X30.0 Z−15.0 R15.0；
T0101 S550 M03；	G01 W−2.0；
G00 X42 Z2 M08；	G03 X33.9895 Z−40.0 R19.0；
G01 Z0 F0.2；	G01 Z−73.0；
X−1；	G02 X37.9895 W−4.0 R5.0；
G00 X42 Z0；	N20 G01 Z−87；
G71 U2 R0.5；	S600；
G71 P10 Q20 U0.4 W0.2 F0.2；	G70 P10 Q20；
N10 G01 X0；	G00 X80 Z20 M09；

T0303 M06;	G00 X42;
S300;	G00 X80 Z20 M09;
G00 X42 Z–87 M08;	M05;
G01 X–1;	M30;

习　题

5.1　简述数控车床的种类。

5.2　适宜于数控车削的零件有哪些?

5.3　应如何选择数控车削的刀具?

5.4　如何确定数控加工的加工路线?

5.5　如何选择数控车床的夹具?

5.6　数控加工是如何进行对刀的?

5.7　按下列条件编程加工如图 5.68、图 5.69 所示零件。

1)阶梯轴零件如图 5.68 所示,坯料尺寸:$\phi45\times125$ mm;材料:45 钢;外圆车刀:T01。

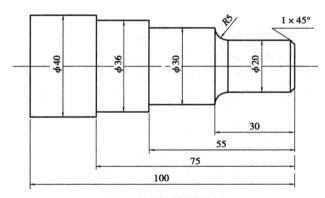

图 5.68　阶梯轴零件图

2)带螺纹的阶梯轴零件如图 5.69 所示,坯料尺寸:$\phi20\times60$ mm;材料:45 钢;外圆车刀:T01;切槽刀:T02;螺纹车刀:T03。

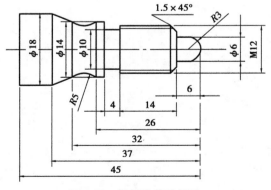

图 5.69　带螺纹的阶梯轴

5.8 如图 5.70 所示为某典型轴类零件,分析并编制其加工工艺。

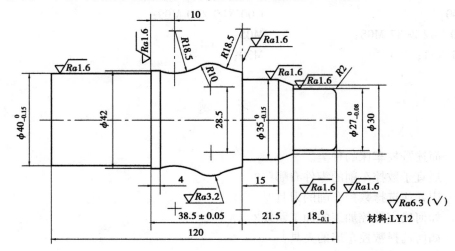

图 5.70 轴零件图

第 **6** 章
数控铣床编程与加工

6.1 数控铣床概述

6.1.1 概述

铣削是机械加工中最常用的方法之一。数控铣床是由普通铣床发展而来,是发展较早的一种数控机床。它可进行铣削、镗削、钻削、攻丝等加工,不仅适合于加工盘、盖板、箱体、壳体类零件,而且还适合于加工各种形状复杂的曲线、曲面轮廓以及模具型腔等平面或立体零件。对于非圆曲线、空间曲线和曲面的轮廓铣削加工,数学处理比较复杂,一般要采用计算机辅助设计和自动编程来实现。经济型二轴联动数控铣床只能进行二维平面零件和简单曲面零件轮廓加工,三轴以上联动的数控铣床可以加工难度大的复杂曲面轮廓的零件与模具。

数控铣床的数控装置具有多种插补方式,都具有直线插补和圆弧插补功能,高档的还具有极坐标插补、抛物线插补、螺旋线插补等多种插补功能。编程时,要合理地选择这些插补功能,充分利用数控铣床的多种功能:如刀具半径补偿、长度补偿和固定循环;比例及镜像加工功能;旋转功能;子程序调用功能;宏程序功能;坐标转换等功能进行加工,以提高加工效率和精度。

6.1.2 数控铣床的类型

数控铣床通常分为立式数控铣床、卧式数控铣床和复合式数控铣床,如图6.1所示。

(1)立式数控铣床

立式数控铣床的主轴垂直于工作台所在的水平面,最适合加工高度相对较小的零件,如板材类、壳体类零件。它分为工作台升降式、主轴头升降式和龙门式3种。

(2)卧式数控铣床

卧式数控铣床的主轴平行于工作台所在的水平面,它的工作台大多是回转式的,工件经一次装夹可通过回转工作台改变工位,可实现除安装面和顶面以外的4个面的加工。它适合箱体类零件的加工。

（a）立式数控铣床   （b）卧式数控铣床

图 6.1　数控铣床

与立式数控铣床相比，卧式数控铣床的结构复杂，占地面积大，价格也较高，且试切时不易观察，生产时不易监视，装夹及测量不方便；但加工时排屑容易，对加工有利。

（3）复合式数控铣床

这类数控铣床的主轴方向可任意转换，能做到在一台机床上既可进行立式加工，又可进行卧式加工。由于具备了上述两种机床的功能，其使用范围更广、功能更强。若采用数控回转工作台，还能对工件进行除定位面外的其他 5 个面的加工。

6.1.3　数控铣床的特点

（1）高柔性

数控铣床的最大特点是高柔性，即可变性。所谓"柔性"，即是灵活、通用、万能，可适应加工不同形状的工件。数控铣床一般都能完成钻孔、镗孔、铰孔、铣平面、铣斜面、铣槽、铣曲面及攻螺纹等加工，而且一般情况下，可在一次装夹中完成所需的加工工序。

如图 6.2 所示的齿轮箱，齿轮箱上一般有两个具有较高位置精度要求的孔，孔周有安装端盖的螺孔，按照传统的加工步骤如下：

①划线。划底面线 A，划 ϕ47JS7、ϕ52JS7 及（90±0.03）mm 中心线。

②刨（或铣）底面 A。

③平磨（或刮削）底面 A。

④镗加工（用镗模）。铣端面，镗 ϕ52JS7、ϕ47JS7，保持中心距（90±0.03）mm。

⑤划线（或用钻模）。划 8×M10 孔线。

⑥钻孔攻螺纹。钻攻 8×M10 孔。

以上工件至少需要 6 道工序才能完成。如果用数控铣床加工，只需把工件的基准面 A 加工好，可在一次装夹中完成铣端面、镗 ϕ52JS7、ϕ47JS7 及钻攻 8×M10 孔，也就是将以上④、⑤、⑥工序合并为一道工序加工，而且再也无须做划线工作。

更重要的是，如果开发新产品或更改设计需要将齿轮箱上两个孔改为 3 个孔，8×M10 螺孔改为 12×M10 孔，采用传统的加工方法必须重新设计制造镗模和钻模，则生产周期长。如果采用数控铣床加工，只需将工件程序指令改变一下，即可根据新的图样进行加工。这就是数控机床高柔性带来的特殊优点。

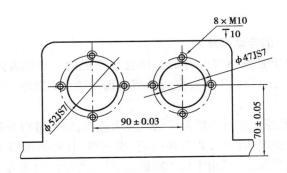

图 6.2　齿轮箱零件图

（2）高适应性

在机械加工中，经常遇到各种平面轮廓和立体轮廓的零件，如凸轮、模具、叶片、螺旋桨等。其母线形状除直线和圆弧外，还有各种曲线，如以数学方程式表示的抛物线、双曲线、阿基米德螺线等曲线和以离散点表示的列表曲线，而其空间曲面可以是解析曲面，也可以是以列表点表示的自由曲面。由于各种零件的型面复杂，需要多坐标联动加工，用普通机床手工操作基本上不可能生产出合格产品。因此，采用数控铣床加工的优越性就特别显著。

（3）高精度

目前数控装置的脉冲当量（即一个脉冲后滑板的移动量）一般为 0.001 mm/脉冲，高精度的数控系统可达 0.000 1 mm/脉冲。因此，一般情况下，绝对能保证工件的加工精度。另外，数控加工还可避免工人操作所引起的误差，一批加工零件的尺寸同一性特别好，产品质量能得到保证。

（4）高效率

数控机床的高效率主要是由数控机床高柔性带来的。如数控铣床，一般不需要使用专用夹具和工艺装备。在更换工件时，只需调用存储于计算机中的加工程序、装夹工件和调整刀具数据即可，可大大缩短生产周期。更主要的是，数控铣床的万能性带来的高效率，如一般的数控铣床都具有铣床、镗床和钻床的功能，工序高度集中，提高了劳动生产率，并减少了工件的装夹误差。

另外，数控铣床的主轴转速和进给量都是无级变速的，因此有利于选择最佳切削用量。数控铣床都有快进、快退、快速定位功能，可大大减少机动时间。据统计，采用数控铣床比普通铣床可提高生产率 3~5 倍。对于复杂的成型面加工，生产率可提高十几倍，甚至几十倍。

（5）半封闭或全封闭式防护

经济型数控铣床多采用半封闭式防护；全功能型数控铣床会采用全封闭式防护，防止冷却液、切屑溅出，保证安全。

（6）主轴无级变速且变速范围宽

主传动系统采用伺服电动机（高速时采用无传动方式——电主轴）实现无级变速，且调速范围较宽，这既保证了良好的加工适应性，同时也为小直径铣刀工作形成了必要的切削速度。

（7）采用手动换刀，刀具装夹方便

数控铣床没有配备刀库，采用手动换刀，刀具安装方便。

（8）多坐标联动

数控铣床多为三坐标（即 X、Y、Z 这 3 个直线运动坐标）、三轴联动的机床，以完成平面轮廓及曲面的加工。

（9）大大减轻操作者的劳动强度

数控铣床对零件加工是按事先编好的程序自动完成的。操作者除了操作键盘、装卸工件、中间测量及观察机床运行外,不需要进行频繁的重复性手工操作,可大大减轻劳动强度。

（10）应用广泛

与数控车削相比,数控铣床有着更为广泛的应用范围,能够进行外形轮廓铣削、平面或曲面型腔铣削及三维复杂型面的铣削,如各种凸轮、模具等,若再添加圆工作台等附件(此时变为四坐标),则应用范围将更广,可用于加工螺旋桨、叶片等空间曲面零件。此外,随着高速铣削技术的发展,数控铣床可加工形状更为复杂的零件,精度也更高。

6.2 数控铣削加工工艺处理

6.2.1 加工零件分析

（1）数控铣床的主要加工对象

数控铣床进行铣削加工主要是以零件的平面、曲面为主,还能加工孔、内圆柱面和螺纹面。它可以使各个加工表面的形状及位置获得很高的精度。其加工的主要对象包括以下3类:

1)平面类零件

如图6.3所示,零件的被加工表面平行、垂直于水平面或被加工面与水平面的夹角为定角的零件称为平面类零件。零件的被加工表面是平面(见图6.3(b)零件上的P面)或可以展开成平面(见图6.3(a)零件上的M面和图6.3(c)零件上的N面)。

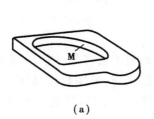
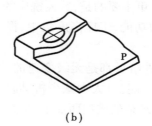
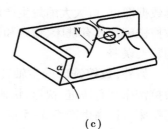

（a） （b） （c）

图6.3 典型的平面类零件

2)曲面类零件

零件被加工表面为空间曲面的零件称为曲面类零件。曲面可以是公式曲面,如抛物面、双曲面等,也可以是列表曲面,如图6.4所示。

曲面类零件的被加工表面不能展开为平面,铣削加工时,被加工表面与铣刀始终是点对点相接触。用三坐标数控铣床加工时,一般采用行切法用球头铣刀铣削加工,如图6.5所示。

3)孔类零件

孔类零件上都有多组不同类型的孔,一般有通孔、盲孔、螺纹孔、台阶孔及深孔等。

在数控铣床上加工的孔类零件,一般是孔的位置要求较高的零件,如圆周分布孔、行列均

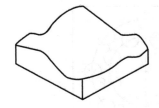

图 6.4　空间曲面零件

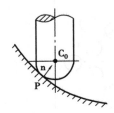

（a）球头刀斜侧点切削工件

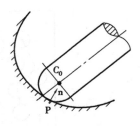

（b）五坐标加工工件

图 6.5　球头铣刀加工空间曲面零件

布孔等,如图 6.6 所示。其加工方法一般为钻孔、扩孔、铰孔、镗孔及攻螺纹等。

（2）零件工艺性分析

数控铣削加工的零件工艺性分析和数控车削加工一样,首先是分析零件图,零件图分析是制订数控加工工艺的首要工作,主要包括尺寸标注方法分析、零件轮廓的几何要素分析、精度及技术要求分析等;其次是零件结构工艺性分析。这里就不再详细介绍。

6.2.2　走刀路线的确定

走刀路线是指数控机床切削加工过程中,加工零件的顺序,即刀具(刀位点)相对于被加工零件的运动轨迹和运动方向。

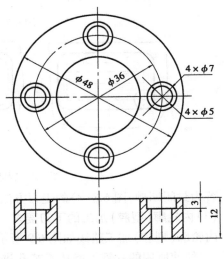

图 6.6　孔类零件

数控铣削编程时确定走刀路线的主要原则如下:

①应能保证零件的加工精度和表面粗糙度的要求。

②应尽量缩短加工路线,减少刀具空行程移动时间。

③应使数值计算简单,程序段数量少,以减少编程工作量。

具体地来看,主要包括以下 7 个方面:

（1）要求加工路线最短

为了尽量缩短加工路线,减少空行程时间和换刀次数,以提高生产率。

如图 6.7 所示为正确选择钻孔加工路线的例子。按照一般习惯,总是先加工均布于同一圆周上的 8 个孔,再加工另一圆周上的孔,如图 6.7(a)所示。但是对点位控制的数控机床而言,要求定位精度高,定位过程尽可能快,因此这类机床应按空行程最短来安排走刀路线(见图 6.7(b)),以节省加工时间。

（2）提高轮廓表面粗糙度的走刀路线

为保证工件轮廓表面加工后粗糙度要求,最终轮廓应安排在最后一次走刀中连续加工出来。

如图 6.8 所示的加工走刀路线,图 6.8(a)为行切法,图 6.8(b)为环切法,图 6.8(c)为先用行切法,后环切 1 周。

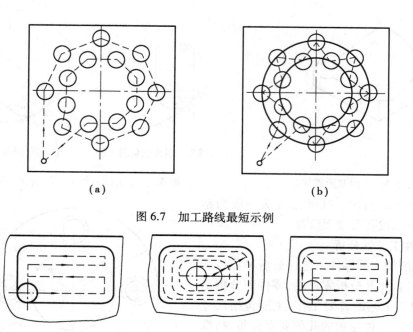

（a）   （b）

图 6.7　加工路线最短示例

（a）   （b）   （c）

图 6.8　封闭轮廓铣削加工走刀路线

若为封闭凹槽,图 6.8(c)的走刀方法,使整个加工面保持高度一致,光整了轮廓表面。

(3)内轮廓(型腔)加工的下刀要求

内轮廓(型腔)加工路线如图 6.9 所示。先钻一个工艺孔至底面(留一定精加工余量),并扩孔,以便使所用的立铣刀能从工艺孔进刀,进行型腔粗加工;然后铣刀下降至工艺孔内,由工艺孔开始进刀;型腔一般由中心向四周扩展进行加工。

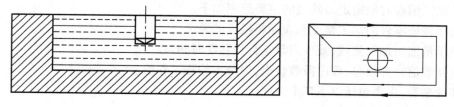

图 6.9　内轮廓加工走刀路线

铣削内轮廓表面时,切入和切出无法外延,这时铣刀可沿法线方向切入和切出或加引入、引出弧改向,并将其切入、切出点选在零件轮廓两几何元素的交点处。但是,在法向切入切出时,还应避免产生过切的可能。

(4)外轮廓加工的下刀要求

在连续铣削加工平面零件外轮廓时,应安排好刀具的切入、切出路线,尽量沿轮廓曲线的延长线切入、切出,以免交接处出现刀痕。铣削外表面轮廓时,铣刀的切入、切出点应沿零件轮廓曲线的延长线上切向切入和切出零件表面,而不应法向直接切入零件,引入点选在尖点处较妥,如图 6.10 和图 6.11 所示。如图 6.11 所示的零件其加工路线应该为 P—A—B—C—D—E—A—F—G—P,从起刀点 P 点开始加工,结束后回到起刀点 P 点。

另外,表面有硬化层的零件进行粗加工,采用逆铣较好,避免产生崩刃。为保证零件的加工精度和表面粗糙度的精加工时,如铣削轮廓,应尽量采用顺铣方式,可减少机床的"颤振",提高加工质量。

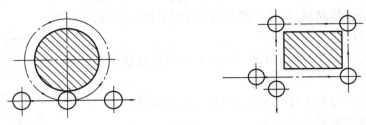

图 6.10　外轮廓的切入切出路线

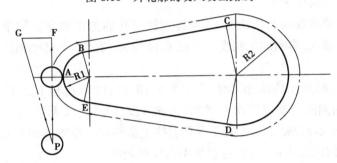

图 6.11　外轮廓铣削路线

（5）复杂曲面加工

铣削曲面时,常用球头刀采用"行切法"进行加工。所谓"行切法",是指刀具与零件轮廓的切点轨迹是一行一行的,而行间的距离是按零件加工精度的要求确定的。对于边界敞开的曲面加工,可采用两种走刀路线,如图 6.12 所示发动机大叶片,采用图 6.12(a)所示的加工方案时,每次沿直线加工,刀位点计算简单,程序少,加工过程符合直纹面的形成,可准确保证母线的直线度;当采用图 6.12(b)所示的加工方案时,符合这类零件数据给出情况,便于加工后检验,叶形的准确度较高,但程序较多。另外,由于曲面零件的边界是敞开的,没有其他表面限制,因此边界曲面可以延伸,球头刀应由边界外开始加工。

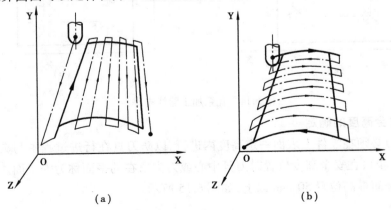

图 6.12　大叶片铣削加工走刀路线

(6)孔和孔系加工路线

钻孔加工的进给路线,包括钻、扩、铰、攻螺纹、镗孔等孔的加工方法。这种进给路线包括两个方面:X、Y 方向和 Z 方向。如图 6.13 所示钻孔加工的进给路线,则是参照普通钻床钻孔的动作设计的,按 G81 固定循环动作。

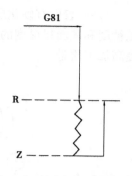

①钻头(铰刀、镗刀、螺纹刀具)沿 X、Y 方向快速移动至孔的中心位置。

②钻头快速下刀至工件表面上方 3~5 mm 的距离。

③钻头工作进给至指定深度。

④钻头快速返回初始平面。

图 6.13　钻孔加工进给路线

对于位置精度要求较高的孔系加工,要特别注意孔的加工顺序。如果安排不当,就会将坐标轴的反向间隙带入,影响加工精度。如图 6.14 所示,有 12 个尺寸相同的孔,可采用两种加工路线:

若按如图 6.14(a)所示路线加工时,由于 8、9、10、11、12 号孔与 1、2、3、4、5、6 号孔定位方向相反,Y 方向反向间隙会使定位误差增加,影响 8、9、10、11、12 号孔与其他孔的位置精度。而按如图 6.14(b)所示的路线,加工完 7 号孔后往上多移动一段距离到 P 点,然后再折回来加工 12、11、10、9、8 号孔,使方向一致,可避免引入反向间隙。

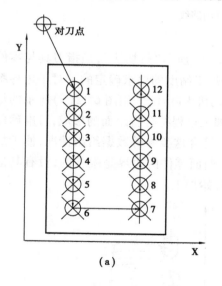

(a)

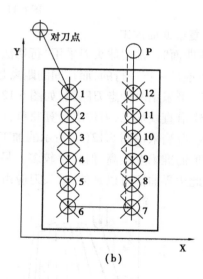

(b)

图 6.14　孔系加工路线安排

(7)刀具安全高度的确定

起刀和退刀必须在零件上表面一定高度内进行,以防刀具在行进过程中与夹具或零件表面发生碰撞(干涉),在安全高度位置时刀具中心或刀尖所在的平面称为安全面。安全高度一般要大于零件表面最高位置 50 mm 以上,如图 6.15 所示。

6.2.3　铣削夹具的选择

（1）夹具的基本要求

数控铣加工其实不需要很复杂的夹具,简单的定位夹紧机构就可以了,特别是对于试制产品或者单件生产的产品,一般无须使用专用的夹具。数控铣床的夹具在设计原理上和普通铣床的夹具是相同的,结合数控铣加工的特点,提出以下 3 个基本要求:

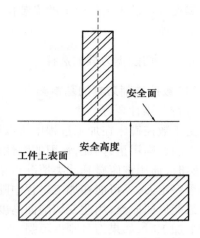

图 6.15　安全高度的确定

①夹具应能保证在机床上实现定向安装,以保持零件安装方向与机床坐标系及编程坐标系方向的一致性,同时还要求能协调零件定位面与机床之间的坐标尺寸联系。

②夹具要求尽可能地开敞,以保证零件在本工序中所要完成的待加工面充分暴露在外。夹紧机构元件与加工面之间保持一定的安全距离,夹紧机构元件要尽可能低,防止夹具与铣床主轴套筒或刀套、刀具在加工过程中发生碰撞。

③夹具要满足一定的刚性与稳定性要求。尽量不采用在加工过程中更换夹紧点的设计,如果必须更换加紧点,要注意不能因更换夹紧点而破坏夹具或工件的定位精度。

在数控铣床上常用的夹具类型有通用夹具、组合夹具、专用夹具和成组夹具等,在选择时要综合考虑各种因素,选择最经济、合理的夹具。

（2）常用夹具

1）螺钉压板

利用 T 形槽螺栓和压板将零件固定在机床工作台上即可。装夹零件时,需根据零件装夹精度要求,用百分表等找正零件。

2）机用虎钳

形状比较规则的零件铣削时常用虎钳装夹,方便灵活,适应性广。当加工精度要求较高,需要较大的夹紧力时,可采用较高精度的机械式或液压式虎钳。

虎钳在数控铣床工作台上的安装要根据加工精度要求控制钳口与 X 或 Y 轴的平行度,零件夹紧时要注意控制零件变形和一端钳口上翘。

3）铣床用卡盘

当需要在数控铣床上加工回转体零件时,可采用三爪自定心卡盘装夹,对于非回转零件可采用四爪单动卡盘装夹。

铣床用卡盘的使用方法与车床卡盘相似,使用时用 T 形槽螺栓将卡盘固定在机床工作台上即可。

（3）注意事项

在零件装夹时需注意以下问题:

①安装零件时,应保证零件在本次定位装夹中所有需要完成的待加工面充分暴露在外,以方便加工,同时考虑机床主轴与工作台面之间的最小距离和刀具的装夹长度,确保在主轴的行程范围内能使零件的加工内容全部完成。

②夹具在机床工作台上的安装位置必须给刀具运动轨迹留有空间,不能和各工步刀具轨迹发生干涉。

6.2.4　切削类刀具的选择

(1)数控铣削刀具的基本要求

1)铣刀刚性要好

由于数控铣床在加工过程中难以调整切削用量,且在加工过程中为了提高生产效率通常采用大的切削用量,因此,铣刀的刚性必须满足一定的要求。例如,当工件各处的加工余量相差悬殊时,通用铣床碰到此类情况可采用分层铣削方法加以解决,但数控铣床必须按预先编制的程序走刀,不可能在加工过程中随时调节走刀路线,除非在编程时能预先考虑周到,否则铣刀只能返回原点,用改变切削面高度或加大刀具半径补偿值的方法从头开始加工。在通用铣床上加工时,如果刀具刚性不强,加工过程中出现振动可以随时调整切削用量来解决,但是数控铣加工就很难办到,由此产生的因立铣刀刚性差而断刀,并造成损伤工件的事故经常发生,所以要充分重视数控铣刀的刚性问题。

2)铣刀的寿命要长

当一把铣刀加工的内容很多时,如果刀具不耐用,磨损很快,就会增加换刀和对刀次数,零件表面可能留下因对刀误差而形成的接刀台阶,这样就降低了零件的表面质量,且加工精度不宜保证,因此铣刀的寿命要长。

除上述两点之外,铣刀切削刃的几何角度参数的选择和排屑性能等也非常重要,切屑黏刀造成积屑瘤在数控铣加工中十分常见。总之,根据被加工工件材料的热处理状态、切削性能和加工余量,选择刚性好、寿命长的铣刀,是充分发挥数控铣床生产效率的前提。

(2)数控铣加工刀具的选择原则

选择刀具应根据机床的加工能力、工件材料的性能、加工工序、切削用量以及其他相关因素正确选用。刀具选择总的原则是适用、安全、经济。

适用是要求所选择的刀具能达到加工目的,完成材料的去除,并达到预定的加工精度。例如,在粗加工时,选择有足够大并有足够的切削能力的刀具能快速去除材料;而在精加工时,为了能把结构形状全部加工出来,要使用较小的刀具,加工到每一个角落。又如,切削低硬度材料时,可使用高速钢刀具,而切削高硬度材料时,就必须要用硬质合金刀具。

安全指的是在有效去除材料的同时,不会产生刀具的碰撞,折断等。要保证刀具及刀柄不会与工件相碰撞或者挤擦,造成刀具或工件的损坏。例如,加长的直径很小的刀具切削硬质的材料时,很容易折断,选用时一定要慎重。

经济指的是能以最小的成本完成加工。在同样可完成加工的情形下,选择相对综合成本较低的方案,而不是选择最便宜的刀具。刀具的寿命和精度与刀具价格关系极大,必须引起注意的是,在大多数情况下,选择好的刀具虽然增加了刀具成本,但由此带来的加工质量和加工效率的提高则可以使总体成本可能比使用普通刀具更低,产生更好的效益。例如,进行钢材切削时,选用高速钢刀具,其进给速度只能达到 100 mm/min,而采用同样尺寸的硬质合金刀具,进给速度可以达到 500 mm/min 以上,这样可大幅缩短加工时间,虽然刀具价格较高,但总体成本反而更低。通常情况下,优先选择经济性良好的可转位刀具。选择刀具时还要考虑安装调整的方便程度、刚性、寿命和精度。在满足加工要求的前提下,刀具的悬伸长度尽可能短,以提高刀具系统的刚性。

6.2.5　确定切削用量

铣削工艺切削用量选择,按 a_p—f—v 的次序来进行。

(1)背吃刀量的确定

如图 6.16 所示铣削加工有两个背吃刀量,即 b 切削宽度和 H 铣削深度。图中,D 为刀具直径。

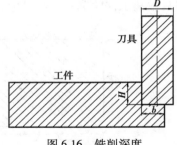

图 6.16　铣削深度

一般按照以下原则进行被吃刀量的选择:

①轮廓粗加工,为确保刀具加工刚性:$b=D×(50%~75\%)$;$H=D×(1/3~1/2)$。

②轮廓精加工,为确保刀具加工刚性和表面质量:$b=0.1~0.5$ mm;$H=$工件的轮廓高度。

③端面铣刀对平面粗加工:$b=D×(70%~80\%)$;$H=L×(1/3~1/2)$;L 刀片切削刃长度。

④端面铣刀对平面精加工:$b=D×(70%~80\%)$;$H=0.5~1$ mm。

⑤球头刀对曲面进行粗加工:$H=b=0.3~0.5$ mm。

⑥球头刀对曲面进行精加工:$H=b=0.1~0.2$ mm。

(2)进给速度的确定

切削进给速度 f 可计算为

$$f = F_z × z × N$$

式中　　F_z——每齿进给量;

　　　　z——刀具的刃数;

　　　　N——主轴转速。

(3)切削速度的确定

当背吃刀量 a_p 和进给速度 f 确定后,可根据规定达到的刀具切削时的合理耐用度,计算确定切削速度 v_c。

6.3　数控铣削加工的刀具补偿

6.3.1　刀具的半径补偿

在前面的学习中,总是假想刀具是一个点,按照零件外形尺寸进行编程,但是铣削用的刀具都有一定的半径,铣刀的刀位点通常是定在刀具中心上,若编程时直接按图纸上的零件轮廓线进行,不考虑刀具半径补偿,则刀具中心(刀位点)行走轨迹和图纸上的零件轮廓轨迹重合,这样由刀具圆周刃口所切削出来的实际轮廓尺寸,就必然大于或小于图纸上的零件轮廓尺寸一个刀具半径值,因而造成过切或少切现象。

在数控铣床上进行轮廓的铣削加工时,如果数控系统不具备刀具半径自动补偿功能,则只能按刀心轨迹进行编程,即在编程时给出刀具的中心轨迹,如图 6.17 所示的点画线轨迹,其计算相当复杂,尤其当刀具磨损、重磨或换新刀而使刀具直径变化时,必须重新计算刀心轨迹,修改程序,这样既烦琐,又不易保证加工精度。当数控系统具备刀具半径补偿功能时,数控编程只需按工件轮廓进行,如图 6.17 所示中的粗实线轨迹,数控系统会自动计算刀心轨迹,使刀具偏离工件轮廓一个半径值,即进行刀具半径补偿。

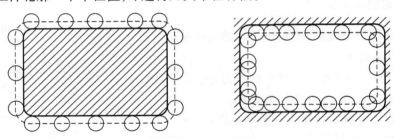

图 6.17　刀具半径补偿概念

(1)刀具半径补偿的方法

数控系统的刀具半径补偿(Cutter Radius Compensation),就是将计算刀具中心轨迹的过程交由 CNC 系统执行,编程员假设刀具的半径为零,直接根据零件的轮廓形状进行编程,而实际的刀具半径则存放在一个可编程刀具半径偏置寄存器中,在加工过程中,CNC 系统根据零件程序和刀具半径自动计算刀具中心轨迹,完成对零件的加工。当刀具半径发生变化时,不需要修改零件程序,只需修改存放在刀具半径偏置寄存器中的刀具半径值,或者选用存放在另一个刀具半径偏置寄存器中的刀具半径所对应的刀具即可。

1)半径补偿的分类及方向判断

铣削加工刀具半径补偿分为刀具半径左补偿(Cutter Radius Compensation LeR)和刀具半径右补偿(Cutter Radius Compensation Rig),分别用 G41 和 G42 定义,采用非零的 D##或 H##代码选择正确的刀具半径偏置寄存器号。

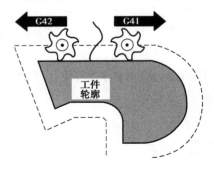

图 6.18　刀具半径补偿方向判断

根据 ISO 标准,关于补偿方向的判断:假定工件不动,沿刀具进给方向看,刀具位于工件的左侧就是左补偿,用 G41 指令;刀具位于工件的右侧,为右补偿,用 G42 指令。当不需要进行刀具半径补偿时,则用 G40 取消刀具半径补偿,如图 6.18 所示。

G41——刀具半径左补偿,即刀具中心轨迹沿前进方向位于零件轮廓左边。

G42——刀具半径右补偿,即刀具中心轨迹沿前进方向位于零件轮廓右边。

G40——取消刀具半径补偿,按程序路径进给。

2)半径补偿指令

刀具半径补偿只能在一个平面中进行,如 G17、G18、G19 平面的选择。

指令格式:

G41/G42 X_ Y_ D_;

由于建立半径补偿和取消补偿都需要一段时间过程,因此半径补偿指令常和 G00、G01 组合使用,因此完整的补偿指令如下:

G00/G01 G41/G42 X_ Y_ D_;

X_ Y_——刚加上半径补偿的点,即工件轮廓上第一个被加工的点;

D——代码：刀具半径补偿值寄存器号。

G00/G01 G40 X_ Y_；

X_ Y_——取消半径补偿的点，一般情况下取起刀点。

刀具半径补偿的建立和取消均以 G00 或 G01 形式进行（推荐 G01）。

G42 指令建立右刀补，产生逆铣效果，用于粗铣。G41 指令建立左刀补，产生顺铣效果，用于精铣。使用 G40 指令时，最好是铣刀已远离工件。

3）半径补偿指令的使用

①铣刀半径补偿的建立

刀补的建立与取消：从没有刀补到有刀补，要有一个建立刀补的过程，建立刀补的过程是一段直线，直线的长度必须大于刀具半径，才能保证不发生过切现象。

在零件加工过程中，建立刀补前屏幕显示的是刀具中心坐标，建立刀补后显示的是零件轮廓坐标。

如图 6.19 所示，刀具从位于轮廓外的开始点 S 以切削进给速度向工件运动并到达切入点 O，程序数据给出的是开始点 S 和工件轮廓上切入点 O 的坐标，而刀具实际是运动到距切入点一个刀具半径的点 A，即

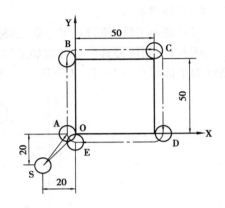

图 6.19　刀具半径补偿实例

到达正确的切削位置，建立刀具半径补偿。刀具半径补偿的建立与撤销必须用 G00/G01。建立刀补程序如下：

N10 S900 M03；

N20 G90 G00 X-20 Y-20；　　　　　　　　刀具运动到开始点 S。

N30 G17 G01 G41 X0 Y0 D01 F200；

（在 A 点切入工件，建立刀具左补偿，刀具半径补偿值寄存在 01 号寄存器中）

②半径补偿的执行

一旦刀具半径补偿建立后就一直有效，刀具始终保持正确的刀具中心运动轨迹。

加工程序如下（程序中带括号的代码可省略掉）：

N40（G01）X0 Y50；　　　　　　　A—B。

N50（G01）X50 Y50；　　　　　　B—C。

N60（G01）X50 Y0；　　　　　　　C—D。

N70（G01）X0 Y0；　　　　　　　　D—E。

③半径补偿的撤销

当工件轮廓加工完成，要从切出点 E 或 A 回到开始点 S，这时就要取消刀具半径补偿，恢复到未补偿的状态，程序如下：

N80 G01 G40 X-20 Y-20；

4)半径补偿注意事项

①刀补建立

数控系统用 G41/G42 指令建立刀补,在刀补建立程序段,动作指令只能用 G00 或 G01,不能用 G02 或 G03。刀补建立过程中不能进行零件加工。

②刀补进行

刀具中心轨迹与编程轨迹始终偏离一个偏置量的距离。在刀补进行状态下,G01、G00、G02、G03 都可使用。它根据读入的相邻两段变成轨迹,自动计算刀具中心的轨迹。在刀补进行状态下,刀具中心轨迹与编程轨迹始终偏离一个刀具半径的距离。

③刀补撤销

刀具撤离工件,使刀具中心轨迹终点与编程轨迹终点(如起刀点)重合,不能进行加工。

例 6.1 利用刀具半径补偿加工如图 6.20 所示的正方形。刀具当前在坐标原点处,走刀路线为坐标原点—A—B—C—D—E—坐标原点。

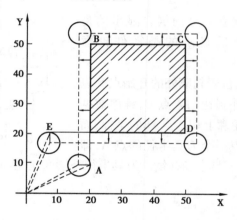

图 6.20 刀具半径补偿应用

O00001

N10 G54 G91 G17 M03;	G17 指定刀补平面(XOY 平面)。
N20 G00 G41 X20.0 Y10.0 D01;	刀具到达 A 点并建立了刀补。
N30 G01 Y40.0 F200;	加工 AB 段。
N40 X30.0;	到达 C 点。
N50 Y-30.0;	到达 D 点。
N60 X-40.0;	到达 E 点。
N70 G00 G40 X-10.0 Y-20.0 M05;	返回原点并解除刀补。
N80 M30;	结束程序。

(2)刀具半径的确定

1)刀具半径选择的主要依据

刀具半径选择主要依据:零件凹轮廓处的最小曲率半径或圆弧半径。

2)刀具半径选择的要求

刀具半径应小于零件凹轮廓的最小曲率半径或圆弧半径,否则会产生干涉。

只有在线性插补时,即刀补指令必须跟在直线段 G00 或 G01 上时,才可以进行 G41/G42

的选择,否则会出现语法错误而报警。

　　刀具调用后,刀具长度补偿立即生效;如果没有编程 D 号,则 D1 值自动生效。半径补偿必须与 G41/G42 一起执行。

　　在 FANUC 系统中补偿号有 99 个,从 D1 到 D99。每一把刀都可以使用任意一个 D 补偿号,或一把刀匹配几个 D 补偿号,实现零件的粗精加工。

6.3.2　刀具长度补偿

　　通常加工一个工件要使用多把刀具,每把刀具都有不同的尺寸,如图 6.21 所示。当所用刀具都使用一个零点偏置代码,为使加工出的零件符合要求,应预先确定基准刀具,测量出基准刀具的长度与其他每把刀具的长度差(作为刀具长度偏置值),如图 6.22 所示,并把此偏置值设定在数控系统的刀具数据存放寄存器中。实际操作时通过对刀确定基准刀具在工件坐标系中的位置,Z 方向对刀数值设置在零点偏置中(即零点偏置代码中 Z 值非 0)。

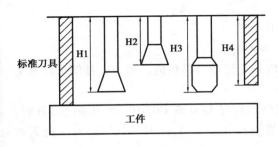

图 6.21　不同长度的刀具

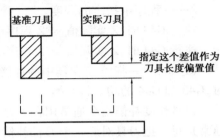

图 6.22　刀具长度补偿

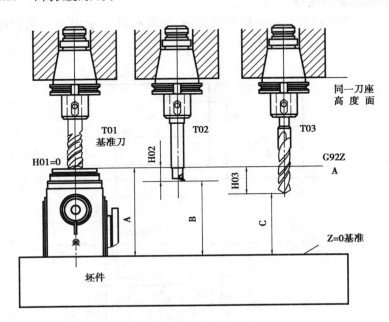

图 6.23　多把刀具偏置量测量

　　然后换上其他刀具依次对刀测出其在工件坐标系中的偏置值,如图 6.23 所示,并记录在

143

对应的寄存器中。在程序中通过 G43 正补偿或 G44 负补偿及偏置号 H 指定刀具长度补偿，用 G49 取消刀具长度补偿。

刀具长度补偿的建立、执行与撤销使用刀具长度补偿功能，在编程时可以不考虑刀具在机床主轴上装夹的实际长度，而只需在程序中给出刀具端刃的 Z 坐标，具体的刀具长度由 Z 向对刀来协调。

（1）**长度补偿指令的方向**

长度补偿分为正补偿和负补偿，分别用 G43 和 G44 指令表示。当补偿方向和工件坐标系的 Z 轴正向一致时，用 G43 指令；当补偿方向和工件坐标系的 Z 轴负向一致时，用 G44 指令。

（2）**长度补偿指令格式**

G00 或 G01 G43 Z_ D_ ;

G00 或 G01 G44 Z_ D_;

G00 或 G01 G49 Z_;

Z——程序中指定的深度。

执行 G43 时，Z 实际值 = Z 程序中指令值+（D××）

执行 G44 时，Z 实际值 = Z 程序中指令值-（D××）

（D××）——指 ×× 寄存器中的补偿量，其值可以是正值或者是负值。当刀长补偿量取负值时，G43 和 G44 的功效将互换。

刀具长度补偿指令通常用在下刀及提刀的直线段程序 G00 或 G01 中，使用多把刀具时，通常是每一把刀具对应一个刀长补偿号，下刀时使用 G43 或 G44，该刀具加工结束后提刀时使用 G49 取消刀长补偿。

（3）**长度补偿指令的使用**

例 6.2 应用刀具长度补偿指令编程的实例，如图 6.24 所示中 A 点为程序的起点，加工路线为 1—2—…9。

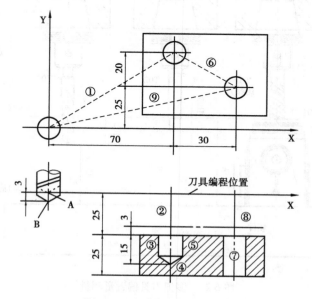

图 6.24　长度补偿指令举例

刀具以顺时针 100 r/min 旋转,并快速奔向点(70,45);

N02 G91 G43 D01 Z−22 LF；　　　　　刀具正向补偿 D01=e,并向下进给 22 mm。

N03 G01 Z−18 F500 LF；　　　　　　刀具直线插补以 500 mm/min 的速度向下进给
　　　　　　　　　　　　　　　　　　18 mm。

N04 G04 P20 LF；　　　　　　　　　刀具暂停进给 20 ms,以达到修光孔壁的目的。

N05 G00 Z18 LF；　　　　　　　　　刀具快速上移 18 mm。

N06 X30 Y−20 LF；　　　　　　　　刀具在 XY 平面上向点(30,−20)快速移动。

N07 G01 Z−33 F500 LF；　　　　　　刀具以直线插补和进给速度 500 mm/min 的方式
　　　　　　　　　　　　　　　　　　向下钻孔。

N08 G00 D00 Z55；　　　　　　　　　刀具快速向上移动 55 mm,并撤销刀长补偿
　　　　　　　　　　　　　　　　　　指令。

N09 X−100 Y−15 M05 M02 LF；　　　刀具在 XY 平面上向点(−100,15)快速移动,到
　　　　　　　　　　　　　　　　　　位后程序运行结束。

　　例6.3　如图 6.25 所示钻孔加工。H1 寄存器中存放刀具长度偏置值−4。H0 表示取消
刀具长度补偿。

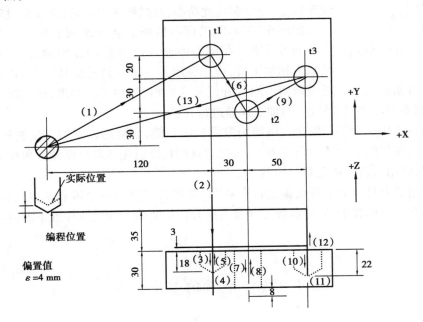

图 6.25　刀具长度偏置应用举例

刀具长度补偿编程举例:钻 3 个孔,H1=−4(刀具长度偏置值)。

N0 T1 D1 G54 M3 S600

N1 G91 G00 X120 Y80 ；

N2 G43 Z−32 H1；

N3 G01 Z−21 F100；

N4 G04 X1.5；

N5 G00 Z21；

N6 X30 Y-50；

N7 G01 Z-41；

N8 G00 Z41；

N9 X50 Y30；

N10 G01 Z-25；

N11 G04 X1.5；

N12 G00 Z57 H0；

N13 X-200 Y-60；

N14 M30；

6.3.3　刀具补偿的其他应用

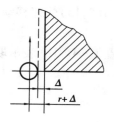

图 6.26　刀具补偿的应用

刀具补偿除有上述的半径、长度补偿功能之外,可灵活运用刀具半径补偿功能做加工过程中的其他工作。例如,当刀具磨损半径变小后,用磨损后的刀具值更换原刀具值即可,即用手工输入方法将磨损后的刀具半径值输入原 D 代码所在的存储器中即可,而不必修改程序,也可利用此功能,通过修正刀偏值,完成粗、精加工。

如图 6.26 所示,若留出精加工余量 Δ,可在粗加工前给指定补偿号的刀具半径存储器中输入数值为 $r+\Delta$ 的偏置量(r 为刀具半径);而精加工时,程序调用另一个刀具补偿号,该刀具补偿号中的刀具半径偏置量输入为 r,通过调用不同的补偿号完成粗、精加工。同理,通过改变偏置量的大小,可控制零件轮廓尺寸精度,对加工误差进行补偿。

多把刀具选用一个零点偏置代码使用刀具长度补偿,也可用以下的方法进行,将程序中所用的零点偏置代码中的 Z 值设定为零,每把刀具的长度值在对刀时都设定在补偿号 H 的长度寄存器中,调用刀具时指定对应的 H 号。

当所使用的刀具数少于零点偏置代码数时,每把刀具使用一个零点偏置代码,Z 方向对刀数值设置在零点偏置中,刀具参数寄存器中的刀具长度都为"0",这样就不需使用刀具长度补偿。

6.4　数控铣床的基本操作

本节以 VC750 数控铣床(数控系统为 FANUC Series 0i Mate,MC)为例,介绍数控铣床的基本操作。

6.4.1　数控铣床的操作面板

机床总面板由显示屏、机床控制面板、系统操作面板 3 部分组成,如图 6.27 所示。

(1)系统操作面板

数控系统操作面板主要用于控制程序的输入与编辑,同时显示机床的各种参数设置和工作状态,如图 6.28 所示。各按钮的含义见表 6.1 中的具体说明。

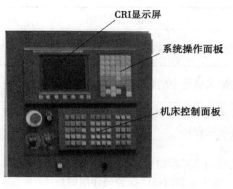

图 6.27 VC750 铣床总面板

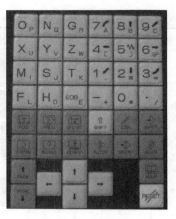

图 6.28 系统操作面板

表 6.1 FANUC Series 0i Mate—MC 系统操作面板按钮功能

序号	名称	按钮	按钮功能介绍
1	地址和数字键		按这些键可以输入字母、数字及其他符号
2	功能键		在 CRT 中显示坐标值
			CRT 将进入程序编辑和显示界面
			CRT 将进入参数补偿显示界面
			系统参数显示界面
			信息显示界面
			在自动运行状态下将数控显示切换至轨迹模式
3	换挡键		在有些键的顶部有两个字符,按此键和字符键,选择下端小字符
4	取消键		用于删除已输入键入缓冲区的数据 例如,当显示键入缓冲区数据为 N001X100Z—时按此键,则字符 Z 被取消,并显示:N1001X100
5	输入键		将数据域中的数据输入指定的区域中

147

续表

序号	名称	按钮	按钮功能介绍
6	编辑键		用输入的数据替代光标所在的数据
			把输入域之中的数据插入当前光标之后的位置
			删除光标所在的数据,或者删除一个数控程序或者删除全部数控程序
7	帮助键		按此键用来显示如何操作机床,如 MDI 键的操作。可在 CNC 发生报警时提供报警的详细信息
8	复位键		按下此键可使 CNC 复位,消除报警信息
9	光标移动键		移动 CRT 中的光标位置。软键 ↑ 实现光标的向上移动;软键 ↓ 实现光标的向下移动;软键 ← 实现光标的向左移动;软键 → 实现光标的向右移动
10	翻页键		软键 PAGE↑ 实现左侧 CRT 中显示内容的向上翻页;软键 PAGE↓ 实现左侧 CRT 显示内容的向下翻页

(2)机床控制面板

机床控制面板的功能是控制机床运动及操纵机床的,如图 6.29 所示。各按钮的含义见表 6.2 中的具体说明。

图 6.29　机床控制面板位置

表 6.2　VC750 数控铣床控制面板按钮功能

序 号	名 称	按 钮	按钮功能介绍
1	电源总开关		ON 状态,启动数控铣床 OFF 状态,关闭数控铣床
2	系统开关		按下左边白色按钮,启动数控系统;按下右边黑色按钮,关闭数控系统
3	急停按钮		在机床操作过程中遇到紧急情况时,按下此按钮使机床移动立即停止,并且所有的输出如主轴的转动等都会关闭。按照按钮上的旋向旋转该按钮使其弹起来消除急停状态
4	主轴倍率调节		旋转旋钮在不同的位置,调节主轴转速倍率,调节范围为 50%～120%
5	进给倍率调节		旋转旋钮在不同的位置,调节手动操作或数控程序自动运行时的进给速度倍率,调节范围为 0～120%
6	机床程序锁		对存储的程序起保护作用,当程序锁锁上后,不能对存储的程序进行任何操作
7	手轮		在"手轮"模式下,通过将第一个旋钮旋转至 X、Y、Z 位置来选择进给轴,将第二个旋钮旋转至×1、×10、×100 位置选择进给倍率,然后正向或反向摇动手轮手柄实现该轴方向上的正向或反向移动
8	模式选择按钮		自动运行 此按钮被按下后,系统进入自动加工模式
			编辑 此按钮被按下后,系统进入程序编辑状态
			MDI 此按钮被按下后,系统进入 MDI 模式,手动输入并执行指令
			远程执行 此按钮被按下后,系统进入远程执行模式(DNC 模式),输入输出资料

续表

序 号	名 称	按 钮	按钮功能介绍
8	模式选择按钮		**单节** 此按钮被按下后,运行程序时每次执行一条数控指令
			单节忽略 此按钮被按下后,数控程序中的注释符号"/"有效
			选择性停止 单击该按钮,"M01"代码有效
			机械锁定 此按钮被按下后,锁定机床
			试运行 此按钮被按下后,空运行程序
			进给保持 程序运行暂停,在程序运行过程中,按下此按钮运行暂停。按循环启动"□"恢复运行
			循环启动 程序运行开始;系统处于自动运行或"MDI"模式时按下有效,其余模式下使用无效
			循环停止 程序运行停止,在数控程序运行中,按下此按钮停止程序运行
		外部复位	**外部复位** 在程序运行中单击该按钮将使程序运行停止。在机床运行超程时若"超程释放"按钮不起作用可使用该按钮使系统释放
9	运动模式选择按钮		**回原点** 单击该按钮系统处于回原点模式
			手动 机床处于手动模式,连续移动
			增量进给 机床处于手动,点动移动
			手动脉冲 机床处于手轮控制模式
10	原点灯	X轴 Y轴 Z轴 参考点 参考点 参考点	当机床的X、Y、Z坐标轴返回参考点后,X、Y、Z轴参考点指示灯亮
11	坐标轴选择按钮	X Y Z	分别用于选择X、Y、Z轴

续表

序　号	名　称	按　钮	按钮功能介绍
12	主轴控制按钮		从左至右分别为正转、停止、反转
13	运动方向选择按钮		"＋"表示坐标轴正向运动；"－"表示坐标轴反向运动；同时按下坐标轴和"〰"，可实现该坐标轴上的快速移动 

6.4.2　数控铣床的操作

（1）开机与关机

1）开机

首先将机床侧壁上的机床电源开关"▮"打开至"ON"状态，然后按下机床面板上白色系统开关"▯"即可。

2）关机

首先按下机床面板上黑色系统开关"▮"，然后将机床侧壁上的电源开关"▮"打到"OFF"状态，即完成关机操作。

（2）手动操作机床

1）手动返回参考点

手动返回参考点的步骤如下：

- 按下回参考点按钮"⏚"，进入回参考点模式。

- 先使 Z 方向回参考点，按下坐标轴" Z "，再按下"＋"，机床向 Z 正方向运动，Z 方向回到参考点后，"▦"亮；同理按下" X "，再按下"＋"，X 方向回参考点，"▦"灯亮表示 X 轴已经返回参考点；按下" Y "，再按下"＋"，Y 方向回参考点，"▦"灯亮表示 Y 轴已经回到参考点。

2）手动连续进给（JOG 进给）操作

手动连续进给操作的步骤如下：

- 单击操作面板中的手动按钮"〰"，机床进入手动模式。

- 分别按下" X "、" Y "或" Z "按钮选择坐标轴，再按住"＋"或"－"不放，可使选定坐标轴向正方向或负方向连续运动。

- 手动连续进给速度可由手动连续进给速度倍率按钮"◉"来调节，调节范围为0～120%。

- 选择进给轴后，如同时按住中间的快速移动开关"〰"和进给方向按钮"＋"或

" [-] ",则机床向相应的方向快速移动。

3)增量进给方式

在增量进给(INC)方式中,按下机床操作面板上的进给轴及其方向选择开关会使刀具沿着所选轴的所选方向移动一步。刀具移动的最小距离是最小的输入增量。每一步可以是最小输入增量的1、10、100或者1 000倍。这种方式在没有连接手摇脉冲发生器时有效。

4)手轮进给操作

在手轮进给方式中,刀具可通过旋转机床操作面板上的手摇脉冲发生器微量移动。使用手轮进给轴选择开关选择要移动的轴。手摇脉冲发生器旋转一个刻度时刀具移动的最小距离与最小输入增量相等。

手轮进给的操作步骤如下:

• 单击操作面板中的手动脉冲按钮" [⊙] ",机床进入手动脉冲模式。

• 通过将手轮上坐标选择的旋钮" [◉] "旋转在 X、Y、Z 位置选择进给轴。

• 通过将手轮上进给倍率旋钮" [◉] "旋转在×1、×10、×100 位置选择进给倍率,旋转手摇脉冲发生器一个刻度时刀具移动的最小距离等于最小输入增量乘以放大倍数。

• 正向或反向摇动手轮手柄" [◉] "实现该轴方向上的正向或反向移动,手轮旋转 360° 刀具移动的距离相当于 100 个刻度的对应值。

5)主轴旋转控制

主轴旋转控制步骤如下:

• 单击操作面板中的手动按钮" [▥] "进入手动模式,或单击操作面板中的增量进给按钮" [▥] "进入增量进给模式,或单击操作面板中的手动脉冲按钮" [◉] "进入手动脉冲模式。

◎按下按钮" [▣] ",主轴正转;按下按钮" [▣] ",主轴反转;按下按钮" [▣] ",主轴停转。

(3)程序的管理

1)建立一个新程序

• 单击操作面板中的编辑按钮" [◈] ",进入程序编辑模式。

• 按功能键" [▣] ",显示程序画面。

• 输入新程序的程序号,如 O1005。

• 按功能键" [◁] ",若所输入的程序号已存在,将此程序设置为当前程序,否则新建此程序。

• 屏幕显示 O1005 程序画面,在此窗口中输入程序。

2)选择一个程序

• 单击操作面板中的编辑按钮" [◈] ",进入程序编辑模式。

• 按功能键" [▣] ",显示程序画面。

• 输入要选择的程序号,如 O1010。

152

● 按光标键""或""开始搜索,找到后,"O1010"显示在屏幕右上角程序号位置,NC 程序显示在屏幕上。

3)删除一个程序

● 单击操作面板中的编辑按钮"",进入程序编辑模式。

● 按功能键"",显示程序画面。

● 输入要删除的程序号,如 O2005。

● 按删除键"![DELETE]",则 O2005 程序被删除。

4)删除指定范围内的多个程序

● 点击操作面板中的编辑按钮"",进入程序编辑模式。

● 按功能键"",显示程序画面。

● 以如下格式输入将要删除的程序号的范围:OXXXX,OYYYY;其中,XXXX 代表将要删除程序的起始程序号,YYYY 代表将要删除的程序的终了程序号。

● 按删除键"![DELETE]",则删除程序号从 No.XXXX 到 No.YYYY 之间的程序。

5)删除全部程序

● 单击操作面板中的编辑按钮"",进入程序编辑模式。

● 按功能键"",显示程序画面。

● 输入"O-9999"。

● 按删除键"![DELETE]",则所有程序被删除。

6)输入数控程序

● 确认输入设备已准备好。

● 单击操作面板中的编辑按钮"",进入程序编辑模式。

● 使用软盘时,查找程序所在目录。

● 按下功能键"",显示程序内容画面或者程序目录画面。

● 按软键"OPRT"。

● 按右边软键"![▷]"(菜单继续键)。

● 输入程序号;如果不指定程序号,就会使用软盘或者纸带中的程序号。

● 按软键"READ"和"EXEC",程序被输入。

7)输出数控程序

● 确认输出设备已经准备好。

● 单击操作面板中的编辑按钮"",进入程序编辑模式。

● 按下功能键"",显示程序内容画面或者程序目录画面。

● 按软键"OPRT"。

● 按右边软键"![▷]"(菜单继续键)。

● 输入程序号;如果输入"-9999",则所有存储在内存中的程序都将被输出。

- 按软键"PUNCH"和"EXEC",程序被输出。

(4)**程序的编辑**

- 单击操作面板中的编辑按钮"⟨⟩",进入程序编辑模式。

- 按功能键"▦",显示程序画面。

- 输入要选择的程序号,如 O1111。

- 按光标键"↓"开始搜索,找到后 O1111 的 NC 程序显示在屏幕上。

1)阅读程序

- 按下光标移动键"↑""↓""←""→",实现光标向上、向下、向左、向右移动。

- 按下翻页键"↑""↓",实现向上、向下翻页。

2)插入字符

比如在 G00 后插入 G42,具体操作如下:

- 按下光标移动键"↑""↓""←""→",将光标移到所需位置,即 G00 上;

- 输入需要插入的字符 G42。

- 按插入键"▣",则 G42 被插入 G00 后。

3)删除输入域中的数据

如输入正在 G00 X100,需要删除 X100,具体操作如下:

- 按取消键"▣",按一次删除一个字符,按 4 次,则 X100 被删除。

4)删除字符

比如将程序中的 Z56.0 删除,具体操作如下:

- 按光标移动键"↑""↓""←""→",将光标移动到 Z56.0 上。

- 按删除键"▣",则 Z56.0 被删除。

5)替换字符

比如将程序中的 X20.0 修改为 X25.0,具体操作如下:

- 按光标移动键,光标移动到 X20.0 上。

- 输入"X25.0"。

- 按替换键"▣",则 X20.0 被修改为 X25.0。

(5)**MDI 操作**

在 MDI 方式中,通过 MDI 面板,可编制最多 10 行的程序并被执行,程序格式与通常程序一样。MDI 运行适用于简单的测试操作。

MDI 运行方式步骤如下:

- 单击操作面板中的 MDI 按钮"▣",进入 MDI 模式。

- 按功能键"▣",显示程序画面。

- 用通常的程序编辑操作编制一个要执行的程序。在 MDI 方式编制程序可用插入、修改、删除、字检索、地址检索及程序检索等操作,具体过程在前面已经做了介绍。

- 为了删除在 MDI 中建立的程序,输入程序名,按删除键"⌫"删除程序。
- 为了运行在 MDI 中建立的程序,须将光标移动到程序头,按下操作面板上的循环启动按钮"▣",程序启动运行。
- 为了中途停止或结束 MDI 运行,按以下步骤进行:

➢停止 MDI 运行

按机床操作面板上进给暂停按钮"◉",进给暂停灯亮而循环启动灯灭。

机床响应如下:

①当机床在运动时,进给操作减速并停止。

②当机床在停刀状态时,停刀状态被中止。

③当执行 M、S 或 T 指令时,操作在 M、S 和 T 执行完毕后运行停止。当操作面板上的循环启动按钮再次被按下时,机床的运行重新启动。

➢终止 MDI 运行

按 MDI 面板上的复位键"⟲",自动运行结束并进入复位状态。当在机床运动中执行了复位命令后,运动会减速并停止。

(6) 程序运行

1) 自动/连续运行方式

自动/连续运行的操作步骤如下:

- 单击操作面板中的自动运行按钮"➡",进入自动运行模式。
- 从存储的程序中选择一个程序,为此,按以下的步骤来执行:

➢按功能键"▣",显示程序画面。

➢按地址键"O"和数字键,输入程序名。

➢按功能键"▣",显示程序。

➢将光标移动至程序头位置。

- 按机床面板上的循环启动按钮"▣",自动运行启动,而且循环启动灯亮,当自动运行结束,循环启动灯灭。
- 为了中途停止或取消存储器运行,按以下步骤执行:

➢停止自动运行

按机床操作面板上进给暂停按钮"◉",进给暂停灯亮而循环启动灯灭。在进给暂停灯点亮期间按下机床操作面板上的循环启动按钮"▣",机床运行重新开始。

➢结束存储器运行

按 MDI 面板上的复位键"⟲",自动运行结束并进入复位状态。

2) 自动/单段运行方式

单段运行步骤如下:

- 单击操作面板中的自动运行按钮"➡",进入自动运行模式。

● 从存储的程序中选择一个程序,按功能键"▨"显示程序画面,将光标移动至程序头位置。

● 按下机床操作面板上的单节按钮"▣"。

● 按循环启动按钮"▥"执行该程序段,执行完毕后光标自动移动至下一个程序段位置,按下循环启动按钮"▥",依次执行下一个程序段直到程序结束。

注意:

自动/单段方式执行每一行程序均需单击一次循环启动按钮"▥"。

单击单节跳过按钮"▣",程序运行时跳过符号"/"有效,该行成为注释行,不执行。

单击选择性停止按钮"▨",则程序中 M01 有效。

可通过主轴倍率旋钮"◉"和进给倍率旋钮"◎"来调节主轴旋转的速度和移动的速度。

3)试运行

试运行是为了检验程序的正确性,通常将机床及其辅助功能锁住,然后运行程序。机床和辅助功能锁住步骤如下:

● 打开需要运行的程序,且将光标移动至程序头位置。

● 单击操作面板中的自动运行按钮"▨",进入自动运行模式。

● 同时按下机床操作面板上的空运行开关"▧"和机床锁住开关"▨",机床进入锁紧状态。

● 按机床面板上的循环启动按钮"▥",自动运行启动,而且循环启动灯亮,机床不移动,但显示器上各轴位置在改变。当自动运行结束,循环启动灯灭。

● 为了检验刀具运行轨迹,按下功能键"▨"和图形软键"GRAPH",则屏幕上显示刀具轨迹。

(7)偏置数据的输入

● 单击操作面板中的编辑按钮"▨",进入程序编辑模式。

● 按功能键"▨",显示刀具偏移画面。

● 按软键"坐标系",进入工件坐标系设置窗口,通过面板手动输入对刀值。

● 按软键"形状补正",进入刀具偏置值设置窗口,通过面板手动输入刀具偏置值。

(8)设定和显示数据

1)显示坐标系

按下功能键"▨";然后分别按下功能软件"绝对""相对"和"综合",则分别在屏幕上显示绝对坐标系、相对坐标系和综合坐标系。

2)显示程序清单

● 单击操作面板中的编辑按钮"▨",进入程序编辑模式。

● 按功能键"▨",显示程序画面。

● 按软键"**LIB**",则在屏幕上显示内存程序目录。

6.5　数控铣床加工时的对刀

6.5.1　对刀原理

零件进行数控编程后的尺寸完全是关于编程坐标系的,而编程坐标系是建立在图纸上的。当把工件安装在工作台上后,必须建立编程坐标系和机床坐标系之间的关系,而这一过程就是对刀,目的就是建立工件坐标系。

数控机床上有一个确定机床位置的基准点,这个点称为参考点,也称机床零点。通常机床开机以后,首先要使机床返回到参考点。回零时要注意机床工作台要距参考点有 100 mm 以上的距离,防止机床超程产生报警。另外,为了安全起见,机床回零时,必须使 Z 轴回零后才可使对 X 轴 Y 轴依次进行回零。当 X、Y、Z 这 3 个坐标轴的参考点指示灯亮起时就说明机床回零工作已经完成,此时建立了机床坐标系,所有的移动和显示都是在机床坐标系下的值。

6.5.2　常用的对刀工具

(1)寻边器

寻边器主要用于确定工件工作原点在机床坐标系中 X、Y 坐标值,也可用于测量工件的基本尺寸。常用的寻边器有偏心式和光电式两种,其中光电式较为常用。如图 6.30 所示为一种常见的寻边器。

图 6.30　寻边器

光电式寻边器的测头一般是直径为 10 mm 的钢球,用弹簧拉紧在光电式寻边器的测杆上,这样操作人员即可根据光电式寻边器的指示完成对刀操作,建立工件坐标系。注意与偏心式寻边器不同的是光电式寻边器在对刀时主轴不能旋转。

(2)Z 轴定向器

Z 轴定向器主要用于确定工件坐标系 Z 轴原点在机床坐标系的位置,或用于确定刀具刀位点在机床坐标系中的 Z 坐标。Z 轴定向器一般有光电式和指针式两种,操作人员根据光电指示或指针指示判断刀具与定位器是否接触,对刀精度一般可达 0.005 mm。Z 轴定向器带有磁性表座,可牢固地附着在工具或夹具上,其高度一般可达 50 mm 或 100 mm。

6.5.3　对刀方法

常用的对刀方法有试切法对刀和寻边器法对刀等。其中,试切法对刀精度较低,因此这种方法的使用要根据具体零件的加工精度要求而定。在机床操作中更多使用的是寻边器和 Z 向定位器(或块规),这种对刀方法效率比较高,且能保证对刀精度。

（1）试切对刀

若把工件坐标系原点设在工件上表面对称中心时,对刀过程如下:

1）X 轴方向对刀

将加工用的刀具装到机床主轴上,找正;开机后单击操作面板中的手动按钮,机床进入手动模式;使机床工作台回参考点;启动主轴,使主轴正转或反转;移动工作台,使刀具接近工件的右边（见图 6.31（a）),注意当刀具比较接近工件时应该调整进给倍率,使刀具缓慢接近工件,避免撞刀。注意观察切屑情况,一旦下屑表示刀具已经与工件右表面接触上,记下此时的坐标值 X1。

（a）右边接触　　　　　　　　　　　　　　　（b）左边接触

图 6.31　对刀过程

将刀具沿着 X 正方向退刀,再沿 Z 正方向抬刀;按照前面的操作（参考试切右端面的步骤）用刀具试切工件左端面（见图 6.31（b）),注意观察切屑情况,一旦下屑表示刀具已经与工件左表面接触上,记下此时的坐标值 X2。

将（X1+X2）/2 所得的 X 坐标值输入 G54 坐标系中即完成了 X 方向的对刀操作。

2）Y 轴方向对刀

按照与 X 轴对刀相同的方法,用刀具试切工件前端面,用手轮操作使其接近工件,注意观察切屑情况,一旦下屑表示刀具已经与工件前端面接触上,记下此时的坐标值 Y1。再用刀具试切工件后端面,用手轮操作使其接近工件,注意观察切屑情况,一旦下屑表示刀具已经与工件后端面接触上,记下此时的坐标值 Y2。

将（Y1+Y2）/2 所得的 Y 坐标值输入 G54 坐标系中即完成了 Y 方向的对刀操作。

3）Z 轴方向对刀

操作机床使刀具接近工件上表面,注意通过进给速度倍率按钮来调节进给速度;注意观察切屑情况,一旦下屑表示刀具已经与工件上表面接触上,记下此时的坐标值 Z。

将所得的 Z 坐标值输入 G54 坐标系中即完成了 Z 方向的对刀操作。

（2）寻边器对刀

同样把工件坐标系原点设在工件上表面对称中心,则对刀过程基本与试切法对刀相同。不同点在于在 X 方向和 Y 方向对刀时使用寻边器代替切削刀具。移动工作台时使寻边器接近工件,注意观察寻边器的指示灯,当指示灯亮表明位置合适,记下此时的坐标值即可。Z 方向对刀时则把寻边器换下,代之以切削刀具,对刀方法和试切法相同。

数控铣床在对刀过程中要注意以下 4 点:

①根据加工要求正确地选用对刀方法和工具,控制对刀误差。

②在对刀操作中,可通过调手轮上的进给倍率来提高对刀精度。

③对刀时,需小心谨慎,尤其是要注意移动方向,避免发生碰撞危险。

④对刀数据一定要存入与程序对应的储存地址,防止因调用错误产生严重后果。

6.6　零件加工实例

例 6.4　编写如图 6.32 所示零件的精加工程序,编程原点建在左下角的上表面,用左刀补。

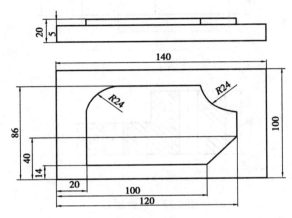

图 6.32　凸台加工

O00001

N01 G90 G92 X-10 Y-10 Z50；

N02 T01；

N03 M03 S1000 F80；

N04 G43 H01 G00 Z-5；

N05 G41 G01 X20 Y0 D01；

N06 G01 Y62；

N07 G02 X44 Y86 R24；

N08 G01 X96；

N09 G03 X120 Y62 R24；

N10 G01 Y40；

N11 X100 Y14；

N12 X0；

N13 G40 G01 X-10 Y-10；

N14 G49 G00 Z50；

N15 M05；

N16 M30；

例 6.5　编写如图 6.33 所示的多孔钻镗加工程序。

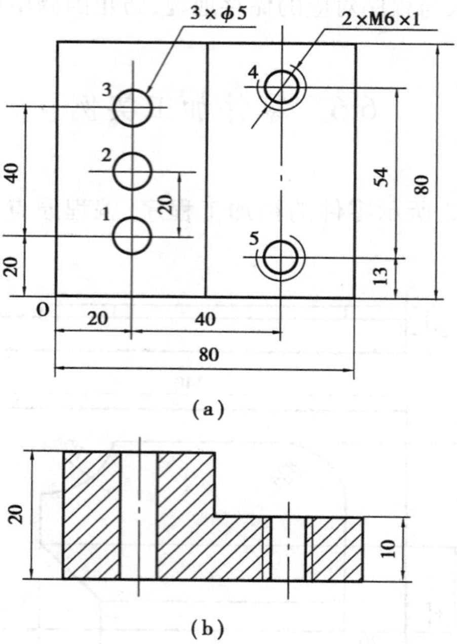

图 6.33　钻镗加工

(1)建立工件坐标系

程序起点在(-30,0,10)处。如图 6.33(a)、(b)所示工件坐标系原点在工件上表面的左下角。程序起点(对刀、换刀点)在工件坐标系的(-30,0,10)处,工件装夹方案如图 6.33(c)所示。

(2)安排加工工序

①用中心钻定各孔的中心位置,以免钻头钻歪;再用 φ5 的钻头钻 5 个通孔,最后用 M6 的丝锥攻两个螺纹孔。3 把刀具在加工前均测好装夹长度,实际加工中换刀时,由机床操作人员输入相应的刀具长度补偿值。程序单中不考虑每把刀具的长度补偿代码。

②用 φ5 钻头钻 5 个通孔。

③用 M6 丝锥攻两个螺纹孔。

(3)安排加工路线

①中心钻(T01),由程序起点 1—2—3—4—5,各钻深 1 mm 定位孔后,返回换刀点。

②换 φ5 钻头(T02),由程序起点 1—2—3—4—5,钻 5 个通孔,返回换刀点。

③换 M6 丝锥(T03),由程序起点 5—4,攻丝,返回换刀点。

(4)确定切削用量

T0l　主轴转速 S800(r/min),钻孔进给速度 F60(mm/min)。

T02　主轴转速 S500(r/min),钻孔进给速度 F50(mm/min)。

T03　主轴转速 S400(r/min),钻孔进给速度 F1(mm/r),螺距为 1 mm。

N1 T01 M06;　　　　　　　　　　　　　　用中心钻。

N2 G90 G92 X-30.0 Y0 Z10;

N3 G00 X20；

N4 M03 S800 M08；

N5 G91 G99 G81 Y20.0 Z−4.0 R−7.0 L3 F60；　　　打 1 mm 深的定位孔 1、2、3。

N6 G90 G00 X60.0 Y67；

N7 G99 G81 Z−11.0 R−7.F60；　　　　　　　　　打 1 mm 深的定位孔 4。

N8 G98 Y13；　　　　　　　　　　　　　　　　　打 1 mm 深的定位孔 5。

N9 G80 M09 M05；

N10 G00 X−30.0 Y0 Z10；

N11 T02 M06；　　　　　　　　　　　　　　　　换 φ5 的钻头。

N12 G00 X20；

N13 M03 S500 M08；

N14 G91 G99 G81 Y20.0 Z−24.0 R−7.0 L3 F50；　　打通孔 1、2、3。

N15 G90 G00 X60.0 Y67.0；

N16 G99 G81 Z−21 R−7.0 F50；　　　　　　　　　打通孔 4。

N17 G98 Y13.0；　　　　　　　　　　　　　　　　打通孔 5。

N18 G80 M09 M05；

N19 G00 X−30. Y0 Z10；

N20 T03 M06；　　　　　　　　　　　　　　　　换 M6 的丝锥。

N21 G00 X60. Y13.0；

N22 M03 S400 M08；

N23 G84 Z−21.0 R−7.0 F1；　　　　　　　　　　　5 号孔攻螺纹。

N24 Y67.0；　　　　　　　　　　　　　　　　　　4 号孔攻螺纹。

N25 G80 M05 M09；

N26 G00 X−30.0 Y0 Z10.0；

N27 M02；

例 6.6　用 φ6 的刀具铣如图 6.34 所示"X、Y、Z"这 3 个字母,深度为 2 mm,试编程。

工件坐标系如图 6.34 所示,设程序启动时刀心位于工件坐标系的(0,0,100)处,下刀速度为 50 mm/min,切削速度为 150 mm/min,主轴转速为 1 000 r/min,编程过程中不用刀具半径补偿功能。

O0003

N01 G90 G92 X0 Y0 Z100；

N02 T01；

N03 M03 S1000；

N04 G43 H01 G00 Z5；

N05 G00 X10 Y10；

N06 G01 Z−2 F50；

N07 G01 X30 Y40 F150；

N08 Z2；

N09 G00 X10；

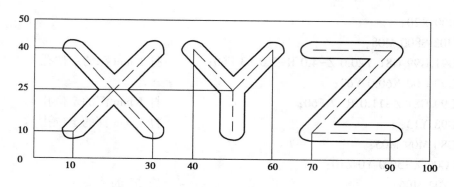

图 6.34 铣削加工

N10 G01 Z-2 F50；
N11 X30 Y10 F150；
N12 Z2；
N13 G00 X40 Y40；
N14 G01 Z-2 F50；
N15 X50 Y25 F150；
N16 Y10；
N17 Z2；
N18 G00 Y25；
N19 G01 Z-2 F50；
N20 X60 Y40 F150；
N21 Z2；
N22 G00 X70；
N23 G01 Z-2 F50；
N24 X90 F150；
N25 X70 Y10；
N26 X90；
N27 Z2；
N28 G00 X0 Y0；
N29 G49 G00 Z100；
N30 M05；
N31 M30；

例 6.7 加工如图 6.35 所示零件凹台的内轮廓,采用刀具半径补偿的指令进行编程。
P(X80,Y60).

G54 S1000 M03；
G90 G00 Z50；
X80 Y60 Z2；
G01 Z-3 F50；
G42 X60 Y40；
X30；

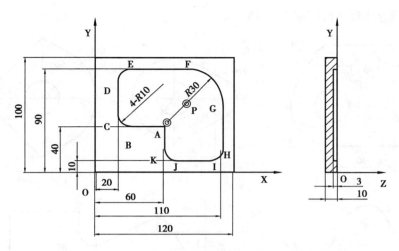

图 6.35　凹台加工应用

G02 X20 Y50 I0 J10;
G01 Y80;
G02 X30 Y90 I10 J0;
G01 X80;
G02 X110 Y60 I0 J-30;
G01 Y20;
G02 X100 Y10 I-10 J0;
G01 X70;
G02 X60 Y20 I0 J10;
G01 Y40;
G40 X80 Y60;
G00 Z100;
G53;
M30;

习　题

6.1　刀具半径补偿指令 G41 和 G42 指令在使用时,方向如何判断? 其中,指令格式中各个参数含义代表什么?

6.2　刀具长度补偿指令 G43 和 G44 指令在使用时,方向如何判断? 其中,指令格式中各个参数含义代表什么?

6.3　孔系加工时,如何安排工艺路线?

6.4　外轮廓和内轮廓加工时,如何安排工艺路线?

6.5　请描述立式数控铣床的手动对刀过程。

6.6　试编制如图 6.36 所示中各零件的数控加工程序,并说明在执行加工程序前应作什

么样的对刀考虑?(设工件厚度均为 15 mm)

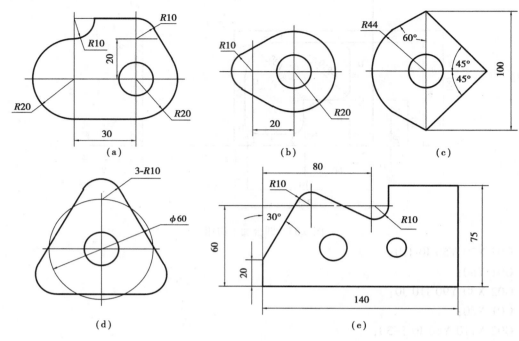

图 6.36　零件轮廓图

6.7　加工如图 6.37 所示凸轮槽零件,其中孔系、外圆及上下表面已加工,材料 HT200,试确定其凸轮槽轮廓的铣削加工工艺并编制加工程序。

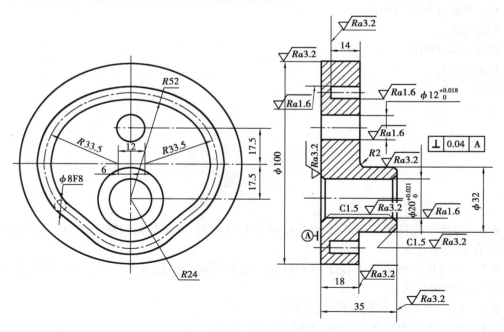

图 6.37　凸轮槽零件图

第**7**章
数控加工中心编程与加工

7.1 数控加工中心概述

　　加工中心是将数控铣床、数控镗床、数控钻床等的功能组合起来,并装有刀库和自动换刀装置的数控机床。立式加工中心主轴轴线(Z 轴)是垂直的,适合于加工盖板类零件及各种模具;卧式加工中心主轴轴线(Z 轴)是水平的,一般配备容量较大的链式刀库,机床带有一个自动分度工作台或配有双工作台以便于工件的装卸,适合于工件在一次装夹后,自动完成多面多工序的加工,主要用于箱体类零件的加工。

　　加工中心为了加工出工件所需的形状,至少要有 3 个坐标运动,即由 3 个直线运动坐标 X、Y、Z 和 3 个转动坐标 A、B、C 适当组合而成,多者能达到十几个运动坐标。其控制功能应最少两轴半联动,多的可实现四轴联动、五轴联动。现在又出现了并联数控机床,可保证刀具按复杂的轨迹运动。

　　加工中心应具有各种辅助功能,如各种加工固定循环、刀具半径自动补偿、刀具长度自动补偿、刀具破坏报警、刀具寿命管理、过载自动保护、丝杠螺距误差补偿、丝杠间隙补偿、故障自动诊断、工件与加工过程显示、工件在线检测和加工自动补偿及切削力控制或切削功率控制、提供直接数控(DNC)接口等。这些辅助功能使加工中心更加自动化、高效、高精度。同时,生产的柔性促进了产品试制、实验效率的提高,使产品改型换代成为易事,从而适应于灵活多变的市场竞争。

　　加工中心一般分为以下 4 类:

　　(1)立式加工中心

　　立式加工中心装夹工件方便,便于操作,找正容易,易于观察切削情况,调试程序容易,占地面积小,应用广泛。但它受立柱高度的限制,不能加工太高的工件,也不适合于加工箱体。

　　(2)卧式加工中心

　　一般情况下,卧式加工中心比立式加工中心复杂、占地面积大,有能精确分度的数控回转工作台,可实现对工件的一次装夹多工位加工,适合于加工箱体类工件及小型模具型腔。但调试程序及试切时不易观察,生产时不易监视,装夹不便,测量不便,加工深孔时切削液不易到位(若没有用内冷却钻孔装置)。因此,卧式加工中心准备时间比立式的更长,但加工件数越多,其多工位加工、主轴转速高、机床精度高的优势就表现得越明显,所以卧式加工中心适合于批量加工。

立式加工中心、卧式加工中心都可带有 APC 装置(自动工作台交换装置),交换工作台可有两个或多个。在有的制造系统中,工作台在各机床上通用,通过自动运送装置,工作台带着装夹好的工件在车间内形成物流,因此这种工作台也称托盘。因为装卸工件不占机时,所以其自动化程度更高,效率也更高。

(3)龙门式加工中心

龙门式加工中心形状与龙门铣床相似,主轴多为垂直设置,带有自动换刀装置,带有可更换的主轴头附件,数控装置的软件功能也较齐全,能够一机多用,尤其适用于大型或形状复杂的工件,如航天工业及大型汽轮机上的某些零件的加工。

(4)复合加工中心

复合加工中心指立、卧两用加工中心,既有立式加工中心功能又有卧式加工中心的功能。这种加工中心通常有两类:一类是靠主轴旋转 90°,实现立、卧加工模式的切换;另一类靠数控回转台绕 X 轴旋转 90°,实现两种加工功能。复合加工中心能在工件一次装夹后,完成除安装面外其他 5 个面的加工,降低了工件二次安装引起的形位误差,大大提高了加工精度和生产效率。但是由于复合加工中心存在着结构复杂、造价高、占地面积大等缺点,因此,它的使用和生产在数量上远不如其他类型的加工中心。

7.2 数控加工中心的刀库系统

由于加工中心是装有刀库和自动换刀装置的数控镗铣床,故其结构与数控铣床、镗床基本相似,只是多了刀库和自动换刀装置。

(1)刀库

刀库用于存放刀具,它是自动换刀装置中的主要部件之一。根据刀库存放刀具的数目和取刀方式,刀库可设计成不同类型。如图 7.1 所示为常见的几种刀库的形式。

1)直线刀库

如 7.1(a)所示,刀具在刀库中直线排列、结构简单,存放刀具数量有限,一般 8~12 把,较少使用。

2)圆盘刀库

如图 7.1(b)~(g)所示,存刀量少则 6~8 把,多则 50~60 把,有多种形式。如图 7.1(b)所示刀库,刀具径向布置,占有较大空间,一般置于机床立柱上端。如图 7.1(c)所示刀库,刀具轴向布置,常置于主轴侧面,刀库轴心线可垂直放置,也可水平放置,较多使用。如图 7.1(d)所示刀库,刀具为伞状布置,多斜放于立柱上端。为进一步扩充存刀量,有的机床使用多圈分布刀具的圆盘刀库(见图 7.1(e))、多层圆盘刀库(见图 7.1(f))和多排圆盘刀库(见图 7.1(g))。多排圆盘刀库每排 4 把刀,可整排更换。后 3 种刀库形式使用较少。

3)链式刀库

链式刀库是较常使用的形式(见图 7.1(h)、(i)),常用的有单排链式刀库(见图 7.1(h))

和加长链条的链式刀库(见图7.1(i))。

4)其他刀库

格子箱式刀库,如图7.1(j)、(k)所示,刀库容量较大。图7.1(j)为单面式,图7.1(k)为多面式。

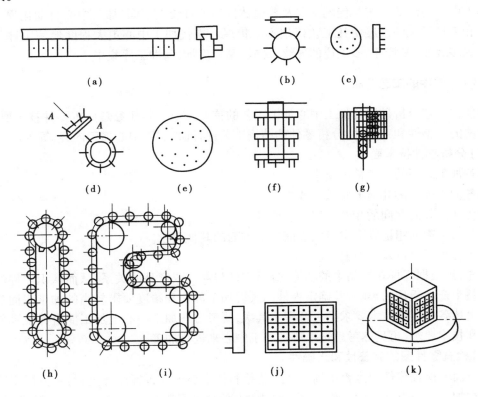

图 7.1　刀库的各种形式

(2)自动换刀装置

自动换刀装置的用途是按照加工需要,自动地更换装在主轴上的刀具。自动换刀装置是一套独立、完整的部件。

自动换刀装置的结构取决于机床的类型、工艺范围及刀具的种类和数量等。自动换刀装置主要有回转刀架和带刀库的自动换刀装置两种形式。回转刀架换刀装置的刀具数量有限,但结构简单、维护方便,如数控车床上的回转刀架。带刀库的自动换刀装置由刀库和机械手组成,是多工序数控机床上应用广泛的换刀装置。其整个换刀过程较复杂,首先把加工过程中需要使用的全部刀具分别安装在标准刀柄上,在机外进行尺寸预调后,按一定的方式放入刀库;换刀时,先在刀库中进行选刀,并由机械手从刀库和主轴上取出刀具,在进行刀具交换之后,将新刀具装入主轴,把旧刀具放回刀库。存放刀具的刀库具有较大的容量,它既可安装在主轴箱的侧面或上方,也可作为独立部件安装在机床以外。

7.3 数控加工中心的工艺处理

加工中心的制造工艺与传统工艺及普通数控加工有较大不同,加工中心自动化程度的不断提高和工具系统的发展使其工艺范围不断扩展。现代加工中心更大程度地使工件一次装夹后实现多表面、多特征、多工位的连续、高效、高精度加工,即工序集中。

7.3.1 零件的工艺分析

零件的工艺分析是制订加工中心加工工艺的首要工作。其任务是分析零件技术要求,检查零件图的完整性和正确性,分析零件的结构工艺性,选择加工中心加工内容,等等。

(1)分析零件技术要求

①各加工表面的尺寸精度要求。

②各加工表面的几何形状精度要求。

③各加工表面之间的相互位置精度要求。

④各加工表面粗糙度要求以及表面质量方面的其他要求。

⑤热处理要求以及其他要求。

首先,须根据零件在产品中的功能,分析零件与部件或产品的关系,从而认识零件的加工质量对整个产品质量的影响,并确定零件的关键加工部位和精度要求较高的加工表面等。认真分析上述各精度和技术要求是否合理。其次,要考虑在加工中心上加工能否保证零件的各项精度和技术要求,再具体考虑选择哪种加工中心来进行加工。

(2)检查零件图的完整性和正确性

一方面要检查零件图是否正确,尺寸、公差和技术要求是否标注齐全;另一方面要特别注意准备在加工中心上加工的零件,其各个方向上的尺寸是否有一个统一的设计基准,从而简化编程,保证零件图的设计精度要求。当工件已确定在加工中心上加工后,如发现零件图中没有统一的设计基准,则应向设计部门提出,要求修改图纸或考虑选择统一的工艺基准,计算转化各尺寸,并标注在工艺附图上。

(3)分析零件结构的工艺性

加工中心上加工的零件的结构工艺性应具备以下 5 点要求:

①零件的加工余量要小,以便减少加工中心的加工时间,降低零件加工成本。

②零件上光孔和螺纹的尺寸规格尽可能少,减少加工时钻头、绞刀及丝锥等刀具的数量,以防刀库容量不够。

③零件尺寸规格尽量标准化,以便采用标准刀具。

④零件加工表面应具有加工的可能性和方便性。

⑤零件结构应具有足够的刚性,以减少夹紧变形和切削变形。

(4)加工中心加工内容的选择

加工中心加工内容选择是指选择零件适合加工中心加工的表面。这种表面有以下 5 种:

①用数学模型描述的复杂曲线或曲面。

②难测量、难控制进给、难控制尺寸的不开敞内腔的表面。

③尺寸精度要求较高的表面。

④零件上不同类型表面之间有较高的位置精度要求,更换机床加工时很难保证位置精度要求,必须在一次装夹中集中完成铣、镗、锪、铰或攻丝等多工序的表面。

⑤镜像对称加工的表面等。

对于上述表面,可先不要过多地去考虑生产率与经济上是否合理,而首先应考虑能不能把它们加工出来,要着重考虑可能性问题。只要有可能,都应把加工中心加工作为优选方案。

由于加工中心的台时费用高,在考虑工序负荷时,不仅要考虑机床加工的可能性,还要考虑加工的经济性。例如,用加工中心可以进行复杂的曲面加工,但如果企业数控机床类型较多,有多坐标联动的数控铣床,则在加工复杂的成形表面时,应优先选择数控铣床。因有些成形表面加工时间很长,刀具单一,在加工中心上加工并不是最佳选择,这要视企业拥有的数控设备类型、功能及加工能力,具体分析决定。

7.3.2 加工中心加工零件工艺路线的拟订

(1)加工方法的选择

在加工中心上可完成平面、平面轮廓、曲面、曲面轮廓、孔及螺纹等加工,所选加工方法要与零件的表面特征、所要达到的精度及表面粗糙度相适应。

平面、平面轮廓及曲面在镗铣类加工中心上采用铣削方式加工。粗铣平面,其尺寸精度可达 IT14—IT12 级,表面粗糙度 Ra 值可达 50 ~ 12.5 μm。粗、精铣平面,其尺寸精度可达 IT9—IT7 级,表面粗糙度 Ra 值可达 3.2 ~ 1.6 μm。

孔加工方法比较多,有钻削、扩削、铰削及镗削等。大直径孔还可采用圆弧插补方式进行铣削加工。对于直径大于 ϕ30 mm 的已铸出或锻出毛坯孔的孔加工,一般采用粗镗→半精镗→孔口倒角→精镗加工方案;孔径较大时,可用立铣刀粗铣→精铣加工方案。有空刀槽时,可用锯片铣刀在半精镗之后、精镗之前铣削完成,也可用镗刀进行单刀镗削,但镗削效率低。

对于直径小于 ϕ30 mm 的无毛坯孔的孔加工,通常采用锪平端面→打中心孔→钻→扩→孔口倒角→铰孔加工方案;有同轴度要求的小孔,须采用锪平端面→打中心孔→钻→半精镗→孔口倒角→精镗(或铰)加工方案。为提高孔的位置精度,在钻孔工步前需安排锪平端面和打中心孔工步。孔口倒角安排在半精加工之后、精加工之前,以防产生毛刺。

螺纹加工根据孔径大小,一般情况下,直径为 M6 ~ M20 mm 的螺纹,通常采用攻螺纹方法加工。直径在 M6 mm 以下的螺纹,在加工中心上完成底孔加工,通过其他手段攻螺纹。因为在加工中心上攻螺纹不能随机控制加工状态,小直径丝锥容易折断。直径在 M20 mm 以上的螺纹,可采用镗削加工。

(2)加工阶段的划分

一般情况下,在加工中心上加工的零件已在其他机床上经过粗加工,加工中心只是完成最后的精加工,故不必划分加工阶段。但对加工质量要求较高的零件,若其主要表面在上加工中心加工之前没有经过粗加工,则应尽量将粗、精加工分开进行。使零件在粗加工后有一段自然时效过程,以消除残余应力和恢复切削力、夹紧力引起的弹性变形、切削热引起的热变形,必要时还可以安装人工时效处理,最后通过精加工消除各种变形。

对加工精度要求不高,而毛坯质量较高、加工余量不大、生产批量很小的零件或新产品试制中的零件，利用加工中心良好的冷却系统，可把粗、精加工合并进行。但粗、精加工应划分成两道工序分别完成。粗加工用较大的夹紧力，精加工用较小的夹紧力。

（3）加工工序的划分

加工中心通常按工序集中原则划分加工工序，主要从精度和效率两方面考虑。

（4）加工顺序的安排

理想的加工工艺不仅应保证加工出图纸要求的合格工件，同时应能使加工中心机床的功能得到合理应用与充分发挥。安排加工顺序时，主要遵循以下6个方面原则：

①同一加工表面按粗加工、半精加工、精加工次序完成，或全面加工表面按先粗加工，然后半精加工、精加工分开进行。加工尺寸公差要求较高时，考虑零件尺寸、精度、零件刚性和变形等因素，可采用前者；加工位置公差要求较高时，采用后者。

②对于既要铣面又要镗孔的零件，如各种发动机箱体，应先铣面后镗孔，这样可提高孔的加工精度。铣削时，切削力较大，工件易发生变形。先铣面后镗孔，使其有一段时间的恢复，可减少变形对孔的精度的影响；反之，如果先镗孔后铣面，则铣削时，必然在孔口产生飞边、毛刺，从而破坏孔的精度。

③相同工位集中加工，应尽量就近位置加工，以缩短刀具移动距离，减少空运行时间。

④某些机床工作台回转时间比换刀时间短，在不影响精度的前提下，为了减少换刀次数，减少空行程，减少不必要的定位误差，可采取刀具集中工序。也就是用同一把刀把零件上相同的部位都加工完，再换第二把刀。

⑤考虑到加工中存在着重复定位误差，对同轴度要求很高的孔系，就不能采取刀具集中原则，应该在一次定位后，通过顺序连续换刀，顺序连续加工完该同轴孔系的全部孔后，再加工其他坐标位置孔，以提高孔系同轴度。

⑥在一次定位装夹中，尽可能完成所有能够加工的表面。

实际生产中，应根据具体情况，综合运用以上原则，从而制订出较完善、合理的加工顺序。

（5）加工路线的确定

加工中心上刀具的进给路线包括孔加工进给路线和铣削加工进给路线。

1）孔加工进给路线的确定

孔加工时，一般是先将刀具在XOY平面内快速定位到孔中心线的位置上，然后再沿Z向（轴向）运动进行加工。

刀具在XOY平面内的运动为点位运动，确定其进给路线时重点考虑以下3点：

①定位迅速，空行程路线要短。

②定位准确，避免机械进给系统反向间隙对孔位置精度的影响。

③当定位迅速与定位准确不能同时满足时，若按最短进给路线进给能保证定位精度，则取最短路线。反之，应取能保证定位准确的路线。

刀具在Z向的进给路线分为快速移动进给路线和工作进给路线。如图7.2所示，刀具先从初始平面快速移动到R平面（距工件加工表面一切入距离的平面）上，然后按工作进给速度加工。如图7.2（a）所示为单孔加工时的进给路线。对多孔加工，为减少刀具空行程进给时间，加工后续孔时，刀具只要退回到R平面即可，如图7.2（b）所示。

R平面距工件表面的距离称为切入距离。加工通孔时，为保证全部孔深都加工到，应使刀具伸出工件底面一段距离（切出距离）。切入切出距离的大小与工件表面状况和加工方式

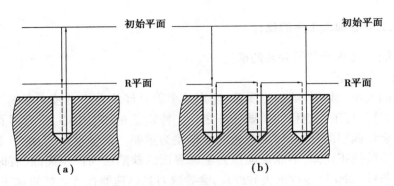

实线——快速移动路线;虚线——工作进给路线

图 7.2　孔加工时刀具 Z 向进给路线示例

有关,可参考表 7.1 选取,一般可取 2~5 mm。

表 7.1　刀具切入切出距离参考值

表面状态 加工方式	已加工表面	毛坯表面	表面状态 加工方式	已加工表面	毛坯表面
钻孔	2~3	5~8	钻孔	3~5	5~8
扩孔	3~5	5~8	扩孔	3~5	5~10
镗孔	3~5	5~8	镗孔	5~10	5~10

2)铣削加工进给路线的确定

铣削加工进给路线包括切削进给和 Z 向快速移动进给两种进给路线。加工中心是在数控铣床的基础上发展起来的,其加工工艺仍以数控铣削加工为基础,因此,铣削加工进给路线的选择原则对加工中心同样适用,此处不再重复。Z 向快速移动进给常采用以下进给路线。

①铣削开口不通槽时,铣刀在 Z 向可直接快速移动到位,不需工作进给,如图 7.3(a)所示。

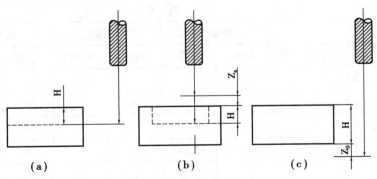

图 7.3　铣削加工时刀具 Z 向进给路线

②铣削封闭槽(如键槽)时,铣刀需要有一切入距离 Z_a,先快速移动到距工件加工表面切入距离 Z_a 的位置上(R 平面),然后以工作进给速度进给至铣削深度 H,如图 7.3(b)所示。

③铣削轮廓及通槽时,铣刀应有一段切出距离 Z_0,可直接快速移动到距工件表面 Z_0 处,如图 7.3(c)所示。

7.3.3　加工中心加工工序的设计

（1）加工余量、工序尺寸及公差的确定

1）加工余量的确定

加工余量的大小，对零件的加工质量、生产效率以及经济性均有较大影响。正确规定加工余量的数值，是制订工艺规程的重要任务之一。特别是对加工中心，所有刀具的尺寸都是按各工步加工余量调整的，选好加工余量就显得尤为重要。余量过小，会由于上道工序与加工中心工序的安装找正误差，不能保证切去金属表面的缺陷层而产生废品，有时会使刀具处于恶劣的工作条件，如切削很硬的夹砂外皮，会导致刀具迅速磨损等。如果加工余量过大，则浪费工时，增加工具损耗，浪费金属材料。

确定加工余量的基本原则是在保证加工质量的前提下，尽量减少加工余量。最小加工余量的数值，应保证能将具有各种缺陷和误差的金属层切去，从而提高加工表面的质量和精度。一般最小加工余量的大小由表面粗糙度 Ra、表面缺陷深度 T_a、空间偏差 ρ_a、表面及形状误差、装夹误差 ΔZ_j 等因素决定。

在具体确定工序间的加工余量时应根据以下条件选择其大小：

①对最后的工序，加工余量应能保证得到图纸上规定的表面粗糙度和精度要求。

②考虑加工方法、设备的刚性以及零件可能发生的变性。

③考虑零件热处理引起的边形。

④考虑被加工零件的大小，零件越大，由于切削力、内应力引起的变形也会增加，因此要求加工余量也相应地大一些。

确定工序间加工余量的原则、数据等在有关出版物中已刊出很多，但是在应用时都须结合本单位工艺条件先试用，后得出结论。因为这些数据常常是在机床刚性、刀具、工件材质等理想状况下确定的。

表 7.2、表 7.3 列出了 IT7、IT8 级孔的加工方式及其工序间的加工余量，供参考。

表 7.2　在实体材料上的孔加工方式及加工余量

加工孔的直径	直径							
	钻		粗加工		半精加工		精加工	
	第一次	第二次	粗镗	扩孔	粗铰	半精镗	精铰	精镗
3	2.9						3	
4	3.9						4	
5	4.8						5	
6	5.0			5.85			6	
8	7.0			7.85			8	
10	9.0			9.85			10	
12	11.0			11.85	11.95		12	
13	12.0			12.85	12.95		13	

续表

加工孔的直径	直径							
	钻		粗加工		半精加工		精加工	
	第一次	第二次	粗镗	扩孔	粗铰	半精镗	精铰	精镗
14	13.0			13.85	13.95		14	
15	14.0			14.85	14.95		15	
16	15.0			15.85	15.95		16	
18	17.0			17.85	17.95		18	
20	18.0		19.8	19.8	19.95	19.90	20	20
22	20.0		21.8	21.8	21.95	21.90	22	22
24	22.0		23.8	23.8	23.95	23.90	24	24
25	23.0		24.8	24.8	24.95	24.90	25	25
26	24.0		25.8	25.8	25.95	35.90	26	26
28	26.0		27.8	27.8	27.95	27.90	28	28
30	28.0		29.8	29.8	29.95	39.90	30	30
32	30.0		31.7	31.75	31.93	31.90	32	32
35	33.0		34.7	34.75	34.93	34.90	35	35
38	36.0		37.7	37.75	37.93	37.90	38	38
40	38.0		39.7	39.75	39.93	39.90	40	40
42	40.0		41.7	41.75	41.93	41.90	42	42
45	43.0		44.7	44.75	44.93	44.90	45	45
48	46.0		47.7	47.75	47.93	47.90	48	48
50	48.0		49.7	49.75	49.93	49.90	50	50

表 7.3　已预先铸出或热冲出孔的工序间加工余量

加工孔的直径	直径					加工孔的直径	直径				
	粗镗		半精镗	粗铰或二次半精镗	精铰精镗成 H7、H8		粗镗		半精镗	粗铰或二次半精镗	精铰精镗成 H7、H8
	第一次	第二次					第一次	第二次			
30		28.0	29.8	29.93	30	45		43.0	44.7	44.93	45
32		30.0	31.7	31.93	32	48		46.0	47.7	47.93	48
35		33.0	34.7	34.93	35	50	45	48.0	49.7	49.93	50
38		36.0	37.7	37.93	38	52	47	50.0	51.5	51.93	52
40		38.0	39.7	39.93	40	55	51	53.0	54.5	54.93	55
42		40.0	41.7	41.93	42	58	54	56.0	57.5	57.92	58

续表

加工孔的直径	直 径					加工孔的直径	直 径				
	粗 镗		半精镗	粗铰或二次半精镗	精铰精镗成 H7、H8		粗 镗		半精镗	粗铰或二次半精镗	精铰精镗成 H7、H8
	第一次	第二次					第一次	第二次			
60	56	58.0	59.5	59.92	60	130	125	128.0	129.3	129.8	130
62	58	60.0	61.5	61.92	62	135	130	133.0	134.3	134.8	135
65	61	63.0	64.5	64.92	65	140	135	138.0	139.3	139.8	140
68	64	66.0	67.5	67.90	68	145	140	143.0	144.3	144.8	145
70	66	48.0	69.5	69.90	70	150	145	148.0	149.3	149.8	150
72	68	70.0	71.5	71.90	72	155	150	153.0	154.3	154.8	155
75	71	73.0	74.5	74.90	75	160	155	158.0	159.3	159.8	160
78	74	76.0	77.7	77.90	78	165	160	163.0	164.3	164.8	165
80	75	78.0	79.5	79.90	80	170	165	168.0	169.3	169.8	170
82	77	80.0	81.3	81.85	82	175	170	173.0	174.3	174.8	175
85	80	83.0	84.3	84.85	85	180	175	178.0	179.3	179.8	180
88	83	86.0	87.3	87.85	88	185	180	183.0	184.3	184.8	185
90	85	88.0	89.3	89.85	90	190	185	188.0	189.3	189.8	190
92	87	90.0	91.3	91.85	92	195	190	193.0	194.3	194.8	195
95	90	93.0	94.3	94.85	95	200	194	197.0	199.3	199.8	200
98	93	96.0	97.3	97.85	98	210	204	207.0	209.3	509.8	510
100	95	98.0	99.3	99.85	100	220	214	217.0	219.3	219.8	220
105	100	103.0	104.3	104.8	105	250	244	247.0	249.3	249.8	250
110	105	108.0	109.3	109.8	110	280	274	277.0	279.3	279.8	280
115	110	113.0	114.3	114.8	115	300	294	297.0	299.3	299.8	300
120	115	118.0	119.3	119.8	120	320	314	317.0	319.3	319.8	320
125	120	123.0	124.3	124.8	125	350	342	347.0	349.3	349.8	350

2）工序尺寸及公差的确定

加工中心在加工时也存在定位基准与设计基准不重合时工序尺寸及公差的确定问题。

如图 7.4（a）所示零件 105±0.1 尺寸的 Ra0.8 两面均已在前面工序中加工完毕，在加工中心只进行所有孔的加工。以 A 面定位时，由于高度方向没有同一基准，ϕ48H7 孔和上面两个 ϕ25H7 孔与 B 面的尺寸是间接保证的，欲保证 32.5±0.1（ϕ25H7 与 B 面）和 52.5±0.04 尺寸，需在上工序中对 105±0.1 尺寸公差进行缩减。若改为如图 7.4（b）所示方式标注尺寸，各孔位置尺寸都以定位面 A 为基准，基准统一，而且定为基准与设计基准重合，各个尺寸都容易保证。

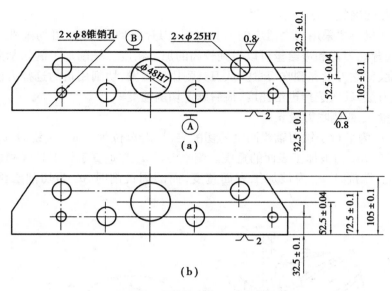

图 7.4　零件工序尺寸确定

（2）加工中心加工切削用量的选择

1）影响铣削用量的因素及选择

①影响铣削用量的因素

对于铣削加工来说，影响切削用量有以下因素：

a.机床。切削用量的选择必须在机床主传动功率、进给传动功率以及主轴转速范围、进给速度范围之内。机床—刀具—工件系统的刚性是限制切削用量的重要因素。切削用量的选择应使机床—刀具—工件系统不发生较大的"振颤"。如果机床的热稳定性好，热变形小，可适当加大切削用量。

b.刀具。刀具材料是影响切削用量的重要因素。见表 7.4 为常用刀具材料的性能比较。

表 7.4　常用刀具材料的性能比较

刀具材料	切削速度	耐磨性	硬度	硬度随温度变化
高速钢	最低	最差	最低	最大
硬质合金	低	差	低	大
陶瓷刀片	中	中	中	中
金刚石	高	好	高	小

c.冷却液。冷却液同时具有冷却和润滑作用，带走切削过程产生的切削热，降低工件、刀具、夹具和机床的温升，减少刀具与工件的摩擦和磨损，提高刀具寿命和工件表面加工质量。使用冷却液后，通常可以提高切削用量。冷却液必须定期更换，以防因其老化而腐蚀机床导轨或其他零件，特别是水溶性冷却液。

②铣削参数的确定

不同的工件材料要采用与之适应的刀具材料、刀片类型,要注意可切削性。合理的恒切削速度、较小的背吃刀量和进给量可以得到较高的加工精度。铣削加工的切削用量包括切削速度、进给速度、背吃刀量和侧吃刀量。从刀具耐用度出发,切削用量的选择方法是先选择背吃刀量或侧吃刀量,其次选择进给速度,最后确定切削速度。

A.背吃刀量 a_p 或侧吃刀量 a_e

背吃刀量 a_p 为平行于铣刀轴线测量的切削层尺寸,单位为 mm。端铣时,a_p 为切削层深度;而圆周铣削时,a_p 为被加工表面的宽度。侧吃刀量 a_e 为垂直于铣刀轴线测量的切削层尺寸,单位为 mm。端铣时,a_e 为被加工表面宽度;而圆周铣削时,a_e 为切削层深度,如图 7.5 所示。

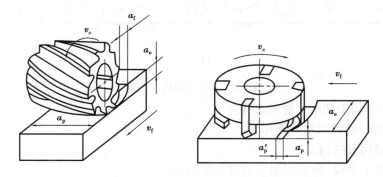

图 7.5　铣削加工的切削用量

背吃刀量或侧吃刀量的选取主要由加工余量和对表面质量的要求决定:

a.当工件表面粗糙度值要求为 $Ra25\sim12.5$ μm 时,如果圆周铣削加工余量小于 5 mm,端面铣削加工余量小于 6 mm,粗铣一次进给就可达到要求。但是在余量较大,工艺系统刚性较差或机床动力不足时,可分两次进给来完成。

b.当工件表面粗糙度值要求为 $Ra12.5\sim3.2$ μm 时,应分为粗铣和半精铣两步进行。粗铣时背吃刀量或侧吃刀量选取同前。粗铣后留 0.5~1.0 mm 余量,在半精铣时切除。

c.当工件表面粗糙度值要求为 $Ra3.2\sim0.8$ μm 时,应分为粗铣、半精铣、精铣 3 步进行。半精铣时背吃刀量或侧吃刀量取 1.5~2 mm;精铣时,圆周铣削侧吃刀量取 0.3~0.5 mm,端面铣削背吃刀量取 0.5~1 mm。

B.进给量 f 与进给速度 v_f 的选择

铣削加工的进给量 f(mm/r)是指刀具转一周,工件与刀具沿进给运动方向的相对位移量;进给速度 v_f(mm/min)是单位时间内工件与铣刀沿进给方向的相对位移量。进给速度与进给量的关系为 $v_f=nf$(n 为铣刀转速,单位 r/min)。进给量与进给速度是数控铣床加工切削用量中的重要参数,根据零件的表面粗糙度、加工精度要求、刀具及工件材料等因素,参考切削用量手册选取或通过选取每齿进给量 f_z,再根据公式 $f=zf_z$(z 为铣刀齿数)计算。每齿进给量 f_z 的选取主要依据工件材料的力学性能、刀具材料、工件表面粗糙度等因素。工件材料强度和硬度越高,f_z 越小;反之则越大。硬质合金铣刀的每齿进给量高于同类高速钢铣刀。工件表面粗糙度要求越高,f_z 就越小。每齿进给量的确定可参考表 7.5 选取。工件刚性差或刀具强度低时,应取较小值。

表 7.5 铣刀每齿进给量参考值

工件材料	每齿进给量 f_z/(mm · z^{-1})			
	粗铣		精铣	
	高速钢铣刀	硬质合金铣刀	高速钢铣刀	硬质合金铣刀
钢	0.10~0.15	0.10~0.25	0.02~0.05	0.10~0.15
铸铁	0.12~0.20	0.15~0.30		

C.切削速度 v_c(m/min)

铣削的切削速度 v_c 与刀具的耐用度、每齿进给量、背吃刀量、侧吃刀量以及铣刀齿数成反比,而与铣刀直径成正比。其原因是当 f_z、a_p、a_e 和 z 增大时,刀刃负荷增加,而且同时工作的齿数也增多,使切削热增加,刀具磨损加快,从而限制了切削速度的提高。为提高刀具耐用度允许使用较低的切削速度。但是加大铣刀直径则可改善散热条件,可提高切削速度。

铣削加工的切削速度 v_c 可参考表 7.6 选取,也可参考有关切削用量手册中的经验公式通过计算选取。

表 7.6 铣削加工的切削速度参考值

工件材料	硬度/HBS	铣削速度 v_c/(m · min^{-1})	
		高速钢铣刀	硬质合金铣刀
钢	<225	18~42	66~150
	225~325	12~36	54~120
	325~425	6~21	36~75
铸铁	<190	21~36	66~150
	190~260	9~18	45~90
	260~320	4.5~10	21~30

2)孔加工切削用量的选择

表 7.7—表 7.11 中列出了部分孔加工切削用量,供选择时参考。

①主轴转速 S 的确定

a.孔加工主轴转速 S(r/min)根据选定的切削速度 v_c(m/min)和加工直径 d 或刀具直径进行计算,即

$$S = \frac{1\ 000v_c}{\pi d} \tag{7.1}$$

式中 S——工件或刀具的转速,r/min;

v_c——切削速度,m/min;

d——切削刃选定点处所对应的工件或刀具的回转直径,mm。

b.攻螺纹时,则计算为

$$S \leqslant \frac{1200}{P} - K \tag{7.2}$$

式中 P——工件螺纹的螺距或导程;

K——保险系数,一般取80。

②进给速度 F 的确定

a.孔加工工作进给速度根据选择的进给量和主轴转速计算为

$$F = Sf \tag{7.3}$$

式中 F——进给速度,mm/min;

　　　　f——进给量,mm/r。

b.攻螺纹时进给量的选择决定于螺纹导程,由于使用了带有浮动功能的攻螺纹夹头,攻螺纹时工作进给速度 $F(\text{mm/min})$ 可略小于理论计算值,即

$$F = PS \tag{7.4}$$

式中 P——加工螺纹的导程,mm。

表 7.7   高速钢钻头加工铸铁的切削用量

钻头直径	160~200 HBS		200~400 HBS		300~400 HBS	
/mm	$v_c/(\text{m}\cdot\text{min}^{-1})$	$f/(\text{mm}\cdot\text{r}^{-1})$	$v_c/(\text{m}\cdot\text{min}^{-1})$	$f/(\text{mm}\cdot\text{r}^{-1})$	$v_c/(\text{m}\cdot\text{min}^{-1})$	$f/(\text{mm}\cdot\text{r}^{-1})$
1~6	16~24	0.07~0.12	10~18	0.05~0.1	5~12	0.03~0.08
6~12	16~24	0.12~0.2	10~18	0.1~0.18	5~12	0.08~0.15
12~22	16~24	0.2~0.4	10~18	0.18~0.25	5~12	0.15~0.2
22~50	16~24	0.4~0.6	10~18	0.25~0.4	5~12	0.2~0.3

表 7.8   高速钢钻头加工钢件的切削用量

钻头直径	$\sigma_b = 520\sim700$ MPa		$\sigma_b = 700\sim900$ MPa		$\sigma_b = 1\,000\sim1\,100$ MPa	
	(45 钢)		(20Cr)		(合金钢)	
/mm	$v_c/(\text{m}\cdot\text{min}^{-1})$	$f/(\text{mm}\cdot\text{r}^{-1})$	$v_c/(\text{m}\cdot\text{min}^{-1})$	$f/(\text{mm}\cdot\text{r}^{-1})$	$v_c/(\text{m}\cdot\text{min}^{-1})$	$f/(\text{mm}\cdot\text{r}^{-1})$
1~6	8~25	0.05~0.1	12~30	0.05~0.1	8~15	0.03~0.08
6~12	8~25	0.1~0.2	12~30	0.1~0.2	8~15	0.08~0.15
12~22	8~25	0.2~0.3	12~30	0.2~0.3	8~15	0.15~0.25
22~50	8~25	0.3~0.45	12~30	0.3~0.45	8~15	0.25~0.35

表 7.9   高速钢铰刀铰孔的切削用量

铰刀直径	铸 铁		钢及合金钢		铝铜及其合金	
/mm	$v_c/(\text{m}\cdot\text{min}^{-1})$	$f/(\text{mm}\cdot\text{r}^{-1})$	$v_c/(\text{m}\cdot\text{min}^{-1})$	$f/(\text{mm}\cdot\text{r}^{-1})$	$v_c/(\text{m}\cdot\text{min}^{-1})$	$f/(\text{mm}\cdot\text{r}^{-1})$
6~10	2~6	0.3~0.5	1.2~5	0.3~0.4	8~12	0.3~0.5
10~15	2~6	0.5~1	1.2~5	0.4~0.5	8~12	0.5~1
15~25	2~6	0.8~1.5	1.2~5	0.5~0.6	8~12	0.8~1.5
25~40	2~6	0.8~1.5	1.2~5	0.4~0.6	8~12	0.8~1.5
40~60	2~6	1.5~2	1.2~5	0.5~0.6	8~12	1.5~2

注:采用硬质合金铰刀铰铸铁时,$v_c = 8\sim10$ m/min;铰铝时,$v_c = 12\sim15$ m/min。

表 7.10　镗孔的切削用量

加工方式	刀具材料	铸　铁		钢		铝铜及其合金	
		$v_c/(\mathrm{m \cdot min^{-1}})$	$f/(\mathrm{mm \cdot r^{-1}})$	$v_c/(\mathrm{m \cdot min^{-1}})$	$f/(\mathrm{mm \cdot r^{-1}})$	$v_c/(\mathrm{m \cdot min^{-1}})$	$f/(\mathrm{mm \cdot r^{-1}})$
粗镗	高速钢硬质合金	20~25 35~50	0.4~1.5	15~30 50~70	0.35~0.7	100~150 100~250	0.5~1.5
半精镗	高速钢硬质合金	20~35 50~70	0.15~0.45	15~50 95~135	0.15~0.45	100~200	0.2~0.5
精镗	高速钢硬质合金	70~90	< 0.08 0.12~0.15	100~135	0.12~0.15	150~400	0.06~0.1

注:当采用高精度的镗刀镗孔时,由于余量较小,直径余量不大于 0.2 mm,切削速度可提高一些,铸铁为 100~150 m/min,钢件为 150~250 m/min,铝合金为 200~400 m/min。进给量可在 0.03~0.1 mm/r。

表 7.11　攻螺纹的切削用量

加工材料	铸　铁	钢及合金钢	铝铜及其合金
$v_c/(\mathrm{m \cdot min^{-1}})$	2.5~5	1.5~5	5~15

7.4　加工中心的基本操作

这里以 FANUC 18i-MB 为数控系统的加工中心为例介绍加工中心的具体操作。

7.4.1　操作键盘/按钮

(1)MDI 键盘说明

MDI 键盘用于程序编辑、参数输入等功能,FANUC 18i-MB 数控系统的 MDI 键盘功能见表 7.12。

表 7.12　MDI 键盘功能说明

MDI 软键	功能说明
	软键 实现左侧 CRT 中所显示内容向上翻页;软键 实现左侧 CRT 中所显示内容向下翻页
	移动 CRT 中的光标位置。软键 实现光标的向上移动;软键 实现光标的向下移动;软键 实现光标的向左移动;软键 实现光标的向右移动

续表

MDI 软键	功能说明
(字符键盘图)	实现字符的输入,按 SHIFT 键后再按字符键,将输入右下角的字符。如按 O_P 将在 CRT 的光标所处位置输入"O"字符,按软键 SHIFT 后再按 O_P 将在光标所处位置处输入 P 字符;软键 EOB/E 中的"EOB"将输入";"号表示换行结束
(数字键盘图)	实现字符的输入,如按软键 5 将在光标所在位置输入"5"字符,按软键 SHIFT 后再按 5 将在光标所在位置处输入"]"
POS	在 CRT 中显示坐标值
PROG	CRT 将进入程序编辑和显示界面
OFFSET SETTING	CRT 将进入参数补偿显示界面
SYSTEM	进入系统界面
MESSAGE	进入信息界面
CUSTOM GRAPH	在自动运行状态下将数控显示切换至轨迹模式
SHIFT	输入字符切换键
CAN	删除单个字符
INPUT	将数据域中的数据输入指定的区域
ALTER	字符替换
INSERT	将输入域中的内容输入指定区域
DELETE	删除一段字符
HELP	帮助
RESET	机床复位

(2)面板按钮/按键说明

FANUC 18i-MB 面板按钮/按键功能见表 7.13。

表 7.13　面板按钮/按键功能说明

按钮/按键	名　称	功能说明
MODE　SELECT(模式选择键)		
MEMORY	自动运行模式	此按钮被按下后,系统进入自动加工模式
EDIT	编辑模式	此按钮被按下后,系统进入程序编辑状态
MDI	MDI 模式	此按钮被按下后,系统进入 MDI 模式,手动输入并执行指令

按钮/按键	名　称	功能说明
DNC	远程执行模式	此按钮被按下后,系统进入远程执行模式即 DNC 模式,输入输出资料
REF.RET	回原点模式	机床处于回零模式;机床必须首先执行回零操作,然后才可自动运行
JOG	手动模式	机床处于手动模式,连续移动
RAPID	手动快速模式	机床处于手动快速模式
HANDLE	手轮脉冲模式	机床处于手轮控制模式
NC AUXILIARY FUNCTION(NC 辅助功能键)		
SINGLE	单节	此按钮被按下后,运行程序时每次执行一条数控指令
M01	选择性停止	此按钮被按下后,“M01”代码有效
BLK.DEL	单节忽略	此按钮被按下后,数控程序中的注释符号“/”有效
MC LOCK	机械锁定	锁定机床
DRY RUN	试运行	空运行
其他按键/按钮		
FEED HOLD	进给保持	程序运行暂停,在程序运行过程中,按下此按钮运行暂停。按“循环启动” 恢复运行
CYCLE START	循环启动	程序运行开始;系统处于“自动运行”或“MDI”模式时按下有效,其余模式下使用无效
AXIS SELECT	X/Y/Z 轴选择旋钮	手动状态下轴选择
+	正向移动按钮	手动状态下,按该按钮系统将向所选轴正向移动。在回零状态时,单击该按钮将所选轴回零
-	负向移动按钮	手动状态下,按该按钮系统将向所选轴负向移动

续表

按钮/按键	名　称	功能说明
SPINDLE START/STOP	主轴控制按钮	主轴启动/停止
SPINDLE OVERRIDE	主轴倍率选择旋钮	选择主轴倍率
NC ON	启动	系统启动
NC OFF	停止	系统停止
RAPID OVERRIDE	快移进给倍率	调节快速移动速度倍率
FEED RATE	自动运行进给倍率	调节自动运行时进给速度倍率
MANNUL FEED RATE	手动模式下的进给倍率	调节在手动模式下运行时的进给速度倍率
READY	机床运行准备按钮	按住准备按钮,使机床伺服系统上电
EMG.STOP	急停按钮	按下急停按钮,使机床移动立即停止,并且所有的输出如主轴的转动等都会关闭
	手轮面板	
	手轮轴选择旋钮	手轮状态下,选择进给轴
	手轮进给倍率旋钮	手轮状态下,调节手轮步长。X1、X10、X100 分别代表移动量为 0.001 mm、0.01 mm、0.1 mm
	手轮	转动手轮控制轴的精确移动

7.4.2　设置参数

（1）G54—G59 参数设置

在 MDI 键盘上按"OFFSET SETTING"键，按菜单软键［WORK］，进入坐标系参数设定界面，用方位键 ↑ ↓ ← → 选择所需的坐标系 G54—G59 和坐标轴。利用 MDI 键盘输入通过对刀所得到的工件坐标原点在机床坐标系中的坐标值。设置通过对刀得到的工件坐标原点在机床坐标系中的坐标值时（如-500，-415，-404），首先将光标移到 G54 坐标系 X 的位置，在MDI 键盘上输入"-500.00"，按菜单软键"INPUT"，参数输入指定区域中。按 CAN 键可逐个删除输入域中的字符。单击 ↓，将光标移到 Y 的位置，输入"-415."，按菜单软键"INPUT"，参数输入指定区域中。同样可输入 Z 坐标值。在输入坐标时应注意，X 坐标值为-100，须输入"X-100."；若输入"X-100"，则系统默认为-100×系统脉冲当量，在本系统即为-0.100 mm。如果按软键"+INPUT"，键入的数值将和原有的数值相加以后输入。

（2）设置加工中心刀具补偿参数

加工中心的刀具补偿包括刀具的半径和长度补偿，下面将介绍其设定方法。

1）输入直径补偿参数

FANUC 18i-MB 系统的刀具直径补偿包括形状直径补偿和磨耗直径补偿两方面。以下将详细介绍其设定步骤。

①在 MDI 键盘上按"OFFSET SETTING"键，再依次按软键"OFFSET""OPRT"，进入参数补偿设定界面。

②用方位键 ↑ ↓ 选择所需的番号，并用 ← → 确定需要设定的直径补偿是形状补偿还是磨耗补偿，将光标移到相应的区域。

③按 MDI 键盘上的数字/字母键，输入刀尖直径补偿参数。

④按菜单软键"INPUT"，参数输入指定区域中。按 CAN 键逐个删除输入域中的字符。

若刀具的直径补偿参数为 4 mm，那么在输入时需输入"4.000"，如果只输入"4"，则系统默认为 4×系统脉冲当量，在本系统即为 0.004 mm。

2）输入长度补偿参数

刀具长度补偿参数需在刀具表界面中输入。FANUC 18i-MB 的刀具长度补偿包括形状长度补偿和磨损长度补偿。以下将详细介绍其设定步骤。

①在 MDI 键盘上按"OFFSET SETTING"键，再依次按软键"OFFSET""OPRT"，进入参数补偿设定界面。

②用方位键 ↑ ↓ ← → 选择所需的番号，并确定需要设定的长度补偿是形状补偿还是磨损补偿，将光标移到相应的区域。

③按 MDI 键盘上的数字/字母键，输入刀具长度补偿参数。

④按软键"INPUT"，参数输入指定区域中。按 CAN 键逐个删除输入域中的字符。

7.4.3　数控程序管理

（1）输入数控程序

数控程序可通过计算机上的记事本或写字板等编辑软件编辑并保存为文本格式文件，或通过 CAD/CAM 软件的后处理功能生产 NC 程序,再通过输入/输出设备传入数控系统;也可直接用 FANUC 18i-MB 系统的 MDI 键盘输入。

这里以从 CD-CARD(存储卡)输入程序为例来说明数控程序的输入操作。按操作面板上的编辑键▧,编辑状态指示灯变亮,此时已进入编辑模式。单击 MDI 键盘上的"PROG",CRT 界面转入编辑页面。按软键"+",再在出现的菜单中依次按软键"CARD""OPRT""NREAD",屏幕显示存储卡中的 NC 程序名,选择程序,按菜单软键"EXEC",所选择的 NC 程序被输入数控系统。

(2)显示数控程序目录

按操作面板上的编辑键 EDIT ▧,编辑状态指示灯变亮,此时已进入编辑状态。按 MDI 键盘上的"PROG",CRT 界面转入编辑页面。按菜单软键"DIR",数控程序名列表显示在 CRT 界面上。

(3)选择一个数控程序

按 MDI 键盘上的"PROG"键,CRT 界面转入编辑页面。利用 MDI 键盘输入"O××××"(×为数控程序目录中显示的程序号),按"SEARCH"软键开始搜索,搜索到后,"O×"显示在屏幕首行程序号位置,NC 程序将显示在屏幕上。

(4)删除一个数控程序

按操作面板上的编辑键▧,编辑状态指示灯变亮,此时已进入编辑模式。利用 MDI 键盘输入"O××××"(×为要删除的数控程序在目录中显示的程序号),按"DELETE"键,程序即被删除。

(5)新建一个 NC 程序

按操作面板上的编辑键▧,编辑状态指示灯变亮,此时已进入编辑模式。按 MDI 键盘上的"PROG"键,CRT 界面转入编辑界面。利用 MDI 键盘输入"O××××"(×为程序号,但不能与已有程序号重复),按"INSERT"键,CRT 界面上将显示一个空程序,可通过 MDI 键盘开始程序输入。输入一段代码后,按"INSERT"键则数据输入域中的内容将显示在 CRT 界面上,用回车换行键▧结束一行的输入后换行。

(6)数控程序处理

按操作面板上的编辑键▧,编辑状态指示灯变亮,此时已进入编辑模式。按 MDI 键盘上的"PROG"键,CRT 界面转入编辑界面。选定了一个数控程序后,此程序显示在 CRT 界面上,可对数控程序进行编辑操作。

1)移动光标

按"PAGE↑"键和"PAGE↓"键用于翻页,按方位键▧▧▧▧移动光标。

2)插入字符

先将光标移到所需位置,按 MDI 键盘上的数字/字母键,将代码输入输入区域中,按"INSERT"键,把输入区域的内容插入光标所在代码后面。

3)删除输入域中的数据

按▧键用于删除输入区域中的数据。

4)删除字符

先将光标移到所需删除字符的位置,按"DELETE"键,删除光标所在的代码。

5)替换

先将光标移到所需替换字符的位置,将替换成的字符通过 MDI 键盘输入输入区域中,按"ALTER"键,把输入区域的内容替代光标所在处的代码。

7.4.4　MDI 模式

首先按操作面板上的 MDI 按钮,使其指示灯变亮,从而进入 MDI 模式;再在 MDI 键盘上按"PROG"键,进入编辑页面;输入指令数据:在输入键盘上按数字/字母键,可以作取消、插入、删除等修改操作;输入完一行程序后,用回车换行键换行;输入完指令数据后,按循环启动按钮 CYCLE START 运行程序。

7.4.5　机床准备

(1)激活机床

按"NC ON"按钮,数控系统启动。几秒后,按住"READY"按钮使机床伺服控制系统上电,"READY"按钮上的指示灯变亮方可松开。检查"急停"按钮是否松开,若未松开,操作"急停"按钮 EMG.STOP ,将其松开。按键进入坐标位置界面。单击菜单软键"ABS""REL""ALL",CRT 界面将对应相对坐标、绝对坐标和综合坐标。

(2)机床回参考点

检查操作面板上回原点指示灯是否亮,若指示灯亮,则机床各控制轴已经回到原点;若指示灯不亮,则按回原点模式键,转入回原点模式。

在回原点模式下,先将 Z 轴回原点:选择操作面板上的轴选择开关"AXIS SELECT",置于 Z 轴;调节快速移动倍率选择开关,控制回参考点的移动速度。按键,此时 Z 轴将回原点,Z 轴回原点指示灯变亮,CRT 上的 Z 坐标变为"0.000"。同样,再分别选 X 轴、Y 轴方向,按键,此时 X 轴、Y 轴将回原点,Y 轴、Z 轴回原点指示灯变亮。

7.4.6　手动操作

(1)手动/连续方式(JOG)

按操作面板上的手动按钮,使其指示灯亮,机床进入手动模式。操作操作面板上的轴选择开关"AXIS SELECT",选择移动的坐标轴。分别按、按钮,控制机床的移动方向。JOG 进给速度可通过 JOG 进给速度倍率的旋钮"MANNUL FEED RATE"进行调整。

(2)手动快速进给(RAPID)

按下方式选择开关的手动快速进给"RAPID"模式开关。操作操作面板上的轴选择开关"AXIS SELECT",选择移动的坐标轴。分别按、按钮,控制工作台的移动方向。按下该开关时,刀具快速移动。释放开关,移动停止。手动快速进给(RAPID)速率可通过快速移动倍率的旋钮"RAPID OVERRIDE"进行调整。

(3)手轮脉冲方式(HANDLE)

需精确调节机床时,可用手动脉冲方式调节机床。按操作面板上的手轮脉冲模式按钮,使指示灯变亮。操作"轴选择"旋钮,选择需移动的坐标轴。操作"手轮进给速度"旋钮，选择合适的脉冲当量倍率。摇动手轮█，精确控制机床的移动。

7.4.7 自动加工方式

(1)自动/连续方式

1)自动加工流程

首先检查机床是否回零，若未回零，先执行机床回零操作。按操作面板上的自动运行按钮█，使其指示灯变亮。从存储的程序中选择需执行的程序。按操作面板上的循环启动█，启动自动运行，并且循环启动指示灯闪亮。当自动运行结束时，指示灯熄灭。

2)中断运行

数控程序在执行程序过程中，可根据需要暂停、停止、急停和重新运行。数控程序在运行时，按进给保持█键，程序停止执行；再按█键，程序从暂停位置开始执行；数控程序在运行时，按下急停█按钮，数控程序中断运行；按下 MDI 面板上的复位键，自动运行被终止，并进入复位状态。当在机床移动过程中，执行复位操作时，机床会减速直到停止。

(2)自动/单段方式

首先检查机床是否回零。若未回零，先执行回零操作。按操作面板上的自动运行按钮█，使其指示灯变亮。从存储的程序中选择需执行的程序。按操作面板上的单段按钮█。按操作面板上的循环启动按钮█，程序开始执行。

自动/单段方式执行每一行程序均需按一次循环启动按钮█。按单段跳过按钮█，则程序运行时跳过符号"/"有效，该行成为注释行，不执行。按选择性停止按钮█，则程序中遇 M01 有效。在程序执行过程中，可通过主轴倍率旋钮█和自动运行进给倍率旋钮█来调节主轴转速和移动的速度。按█键可将程序重置。

7.4.8 检查运行轨迹

NC 程序输入后，可检查运行轨迹。先按操作面板上的自动运行按钮█，使其指示灯变亮，转入自动加工模式，单击 MDI 键盘上的"PROG"键，按数字/字母键，输入"O××××"（×为所需要检查运行轨迹的数控程序号），按"SEARCH"软键开始搜索，找到后，程序显示在 CRT 界面上。按"CUSTOM GRAPH"键，进入检查运行轨迹模式，按操作面板上的循环启动按钮█，即可观察数控程序的运行轨迹，此时也可通过"视图"菜单中的动态旋转、动态放缩、动态平移等方式对三维运行轨迹进行全方位的动态观察。

7.4.9 设置工件坐标系

常用以下两种方法之一来设置工件坐标系。

(1)用 G92 指令设置

在程序中，用 G92 指令之后指定一个坐标值来设定工件坐标系。

指令格式:(G90) G92 X_Y_Z_;

说明:设定工件坐标系时，使刀具上的点（如刀尖）位于指定的坐标位置。如果在刀具长度偏置期间用 G92 设定坐标系，则 G92 指令之后的坐标值无偏置，刀具半径补偿被 G92 临时删除。

例如,用 G92 X25.2Y0.Z23.0;指令设置坐标系(刀尖是程序的起点),如图 7.6 所示。

例如,用 G92X600.0 Y0.Z1200.0;指令设置坐标系(刀柄上的基准点是程序的起点),如果发出绝对值指令,基准点移动到指令位置,则刀尖到基准点的差,用刀具长度偏差来补偿,如图 7.7 所示。

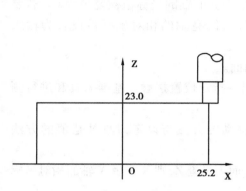

图 7.6　设置工件坐标系

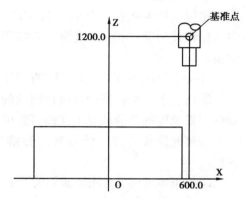

图 7.7　用 G92 设置工件坐标系

(2)通过 CRT/MDI 面板设置

使用 CRT/MDI 面板可设置 6 个工件坐标系。设定工件原点偏移值的步骤如下:

①按下功能键 OFFSET。

②按下章节选择软键"WORK"。显示工件坐标系设定画面。

③关掉数据保护键,使得可以写入。

④将光标移动到想要改变的工件原点偏移值上。

⑤通过数字键输入数值,然后按下软键"INPUT"。输入的数据就被指定为工件原点偏移值。或者通过输入当前刀位点在工件坐标系中的坐标轴值,并按下软键"MEASURE",系统将自动设置好当前轴工件坐标系的机床坐标系坐标值。

⑥重复第⑤步和第⑥步,改变其他的偏移值。

⑦接通数据保护键禁止写入。

7.4.10　设定刀具偏置值

(1)刀具偏置量

刀具长度偏置值和刀具半径补偿值由程序中的 D 或者 H 代码指定。D 或者 H 代码的值可显示在画面上并借助画面上进行设定。设定刀具偏置值的步骤如下:

①按下功能键 OFFSET。

②多次按下"OFFSET"键直到显示刀具补偿画面。

③通过翻页键和光标键将光标移到要设定和修改补偿值的地方,或者输入补偿号码,在这个号码中设定或者改变补偿值,并按下软键"NO.SRH"。

④要设定补偿值,输入一个值并按下软键"INPUT"。要修改补偿值,输入一个将要加到当前补偿值的值(负值将减小当前的值),并按下软键"+INPUT"。或者输入一个新值,并按下软键"INPUT"。

（2）测量刀具长度的步骤

测量刀具长度的步骤如下（见图7.8）：

①用手动操作移动基准刀具使其与机床上（或工件上）的一个指定点接触。

②按下功能键 OFFSET 若干次，直到显示具有相对坐标的当前位置画面。

③将 Z 轴的相对坐标值复位为 0。在相对坐标画面上输入轴的地址 Z。Z 轴会闪亮。为了将坐标复位为 0，按下软键"ORGIN"。相对坐标系中闪亮的轴的坐标值被复位为 0。若要将坐标预设为某一值，将值输入后按下软键"PRESET"，闪亮轴的相对坐标被设置为输入的值。

④按下"OFFSET"键若干次，直到显示刀具补偿画面。

⑤通过手动操作移动要进行测量的刀具使其与同一指定位置接触。基准刀具和进行测量的刀具长度的差值就显示在画面的相对坐标系中。

⑥将光标移动到目标刀具的补偿号码上，光标移动的方法与设定刀具补偿值的方法一样。

⑦按下地址键 Z。注意如果按下了键 X 或者键 Y 而不是键 Z，则 X 或者 Y 轴的相对坐标值就被作为刀具补偿值输入。

⑧按下软键"INP.C."，则 Z 轴的相对坐标值被输入，并被显示为刀具长度偏置补偿值。

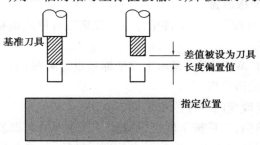

图 7.8　测量刀具长度

7.4.11　加工中心的对刀操作

加工中心的对刀和数控铣床的对刀方法相同，对刀操作也分为 X、Y 向对刀和 Z 向对刀。如果加工零件工艺复杂，在加工过程中需使用多把刀具，这种情况下，则需首先进行基准刀具的对刀操作，然后进行非基准刀具的对刀操作，以确定非基准刀具相对基准刀具的长度补偿量。

下面用一个具体实例介绍对刀过程。

毛坯为 100 mm×100 mm×50 mm 的板料，采用平口虎钳装夹。采用光电式寻边器和 Z50mm Z 向定位器（50 mm 块规）。将工件坐标系原点建立在毛坯上表面的对称中心位置，如图 7.9 所示。对刀操作过程如下，注意主轴不能转动。

（1）基准刀具的 X、Y 轴对刀操作

①机床回参考点。

②将工件通过平口虎钳装夹在工作台上，装夹时注意，将工件的 4 个侧面高出虎钳钳口 10 mm 以上，以便留出寻边器的测量位置。

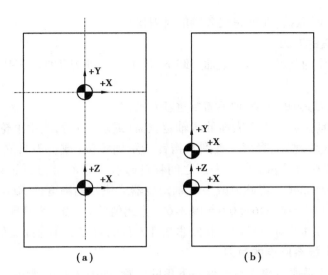

图 7.9　工件原点示意图

③移动工作台控制寻边器测头，从外部靠近工件的左侧面后下移 Z 轴。

④改用手轮微调，让测头慢慢接触到工件直到寻边器发光，记下此时 X 坐标值，如X−310.300。

⑤先使测头离开工件侧面，再抬起寻边器至工件上表面以上，控制工作台沿正方向移动，使测头从外部靠近工件右侧面，然后下移 Z 轴。

⑥改用手轮微调，让测头慢慢接触到工件直到寻边器发光，记下此时 X 坐标值，如 X−200.300。通过两坐标值计算可知寻边器移动距离总长 110.0 mm。

⑦先使测头离开工件侧面，再将寻边器抬至工件上表面以上，用手轮控制机床沿 X 轴负方向移动到 X−255.300（或控制 X 轴移动增量 X−55.00 mm）。按下面板中的 OFFSET SETTING键，按下"WORK"软键。找到 G54 坐标系并将光标移动到 G54 坐标系的 X 坐标位置，输入"X0"，按下"MEASURE"软键，即可完成 X 轴的对刀操作。

⑧用同样方法可完成 Y 轴的对刀操作，并确定工件坐标系 Y 轴原点在机床坐标系中的 Y 坐标值。注意，如果工件轮廓已经过精加工且零件轮廓尺寸已确定为 100 mm×100 mm，则只需控制光电式寻边器测量零件的一个侧面，然后按下"OFFSET SETTING"键，按下"WORK"软键，找到 G54 坐标系，将光标移动到 X（或 Y）处，输入"55.0"（55.0＝50.0+5.0），即工件长度的一半加光电寻边器测头半径，按下"INPUT"软键，即可完成对刀操作。

（2）基准刀具的 Z 轴对刀

①卸下寻边器，将基准刀具装上主轴。

②将 Z 轴定位器（或块规）放置在工件上表面。

③移动主轴，控制刀具底端面靠近 Z 轴定位器（或块规）上表面。

④改用手轮微调操作，控制刀具底端面慢慢接触到 Z 轴定位器上表面，直到其指针指示到零位，或将刀具底端面慢慢接触到块规上表面，并使块规在刀具和工件上表面之间移动时有一定的阻力。

⑤按下面板中的"OFFSET SETTING"键，再按"WORK"软键，找到 G54 坐标系并将光标移动到 G54 坐标系的 Z 坐标位置，由于 Z 轴定位器（块规）的高度为 50 mm，故此时输入

"50.0",按下"INPUT"软键,即可完成 Z 轴的对刀操作。

（3）非基准刀具的对刀

将完成对刀操作的基准刀具从主轴上卸下,换上非基准刀 T02。非基准刀具的对刀操作过程如下：

①T02(非基准刀具)的 X、Y 轴不需要重新对刀。

②控制 T02 刀具接近工件上表面的 Z 轴定位器(或块规)后,改用手轮微调控制 T02 刀具接触 Z 轴定位器(或块规)上表面。直到其指针指示到零位(或将刀具底端面慢慢接触到块规上表面,并使块规在刀具和工件上表面之间移动时有一定的阻力);记录此时 CRT 屏幕中的 Z 轴坐标值,如 Z69.346。将此值减去 Z 轴定位器或块规的高度值 50.00mm,即可得到 T02 刀具的长度补偿值 H02=69.346−50.0=19.346。将此值输入 T02 号刀具的长度补偿地址中,这样就完成了 T02 刀具的对刀操作。其他非基准刀具的对刀操作与此类似,不再赘述。

（4）不同工件坐标系原点的对刀

如果将工件坐标系原点建立在工件左下角的位置,如图 7.9(b)所示。对刀过程如下：

①工件的装夹方式同前。

②移动工作台控制寻边器测头靠近工件的左侧面后下移 Z 轴。

③改用手轮微调操作,让测头慢慢接触到工件直到寻边器发光。

④按下"OFFSET SETTING"键,按下"WORK"软键,找到 G54 坐标系,将光标移动到 X 位置,输入"X−5.0"(测量头半径),按下"INPUT"软键。

⑤抬起 Z 轴,进行下一轴对刀操作。

⑥Y、Z 轴的对刀方法同前,不再重复。

（5）对刀操作注意事项

在对刀操作过程中需注意以下问题：

①根据加工要求采用正确的对刀工具,控制对刀误差。

②在对刀过程中,通过改变微调进给量来提高对刀精度。

③对刀时需小心谨慎操作,尤其要注意移动方向和移动速度,避免发生碰撞危险。

④对刀数据一定要存入与程序对应的存储地址,防止因调用错误而产生严重后果。

⑤要注意输入的刀具补偿值的大小和正负号要准确,以免影响加工精度,甚至发生撞刀事故。

7.5 加工中心零件加工实例

7.5.1 凸台的数控加工

加工如图 7.10 所示的凸台。其毛坯为 100 mm×100 mm×27 mm 的 45 钢,硬度为 35HRC。

（1）工艺分析

取工件上表面的中心作为工件原点,粗加工手工编程"排料"的刀路设计如图 7.11 所示,走刀路线为 ABCDEFGFHIJKJLMLN。采用平铣刀,刀具直径为 20 mm,以刀位点编程,不带半径补偿功能,精加工时加入刀补。

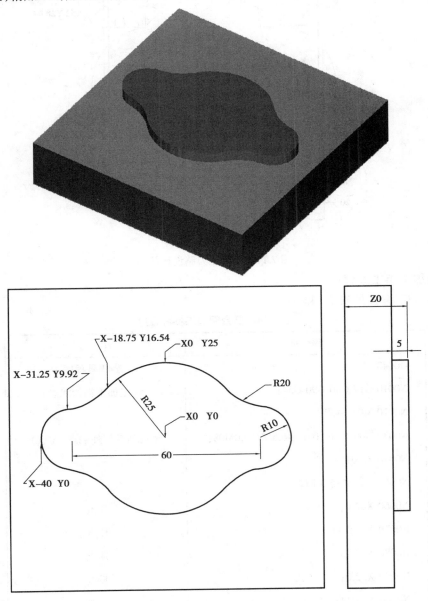

图 7.10　凸台零件图

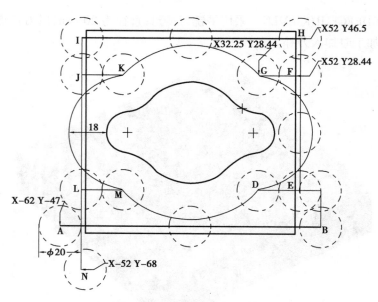

图 7.11　粗加工刀路设计简图

(2)粗加工手工编程

粗加工手工编程见表 7.14。

表 7.14　凸台粗加工参考程序

程　序	注　释
O0043	第 43 号程序
N0010 G17 G40 G90 G54;	设定加工初始状态
N0020 M03 S450;	
N0030 G00 X-62.0 Y-46.5 Z100.0M08;	定位到毛坯外一点（A 点）
N0040 Z5.0;	
N0050 G01 Z-5.0 F120;	
N0060 X62.0;	B 点
N0070 Y-28.44;	C 点
N0080 X32.25;	D 点
N0090 X52.0;	E 点
N0100 Y28.44;	F 点
N0110 X32.25;	G 点
N0120 X52.0;	F 点
N0130 Y46.5;	H 点
N0140 X-52.0;	I 点
N0150 Y28.44;	J 点

续表

程　序	注　释
N0160 X−32.25;	K 点
N0170 X−52.0;	J 点
N0180 Y−28.44;	L 点
N0190 X−32.25;	M 点
N0200 X−52.0;	L 点
N0210 Y−68.0;	N 点
N0220 G00 Z150.0;	提刀
N0230 M30;	程序结果

注：表中点位置如图 7.11 所示。

（3）精加工手工编程

在前面章节已介绍由于铣削零件平面轮廓时用刀的侧刃，为了保证平缓进刀和平缓退刀，也为了避免在零件轮廓的切入点和切出点处留下刀痕，应沿切向方向进刀和退刀。设置精加工的进退刀方式如图 7.12 所示。精加工与粗加工采用同一把刀，其走刀路线为 ABCDEFGHIJKLDM。

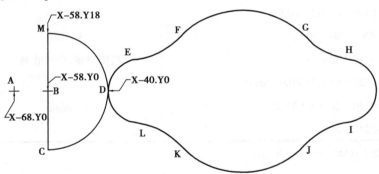

图 7.12　精加工进退刀方式及走刀路线

精加工手工编程见表 7.15。

表 7.15　凸台精加工参考程序

程　序	注　释
O0044	第 44 号程序
N0010 G00 G17 G54 G40 G49 G80 G90;	设定加工初始状态
N0020 G00 G90 X−68.0 Y0.0 S450 M03;	水平方向定位到毛坯外一点（A 点）
N0030 G43 H01 Z50.0 M08;	
N0040 Z5.0;	降刀到切削深度

续表

程 序	注 释
N0050 G01 Z-5.0 F50;	水平方向定位(B 点)
N0060 X-58.0 Y0.0;	圆弧进刀,D01=9.0 mm,至 C 点
N0070 G41 D01 Y-18.0 F120;	走 CD 段弧切向进刀
N0080 G03 X-40.0 Y0.0 R18.0;	加工 DE 段弧
N0090 G02 X-31.25 Y9.92 R10.0;	加工 EF 段弧
N0100 G03 X-18.75 Y16.54 R20.0;	加工 FG 段弧
N0110 G02 X18.75 R25.0;	加工 GH 段弧
N0120 G03 X31.25 Y9.92 R20.0;	加工 HI 段弧
N0130 G02 X31.25 Y-9.92 R10.0;	加工 IJ 段弧
N0140 G03 X18.75 Y-16.54 R20.0;	加工 JK 段弧
N0150 G02 X-18.75 Y-16.54 R25;	加工 KL 段弧
N0160 G03 X-31.25 Y-9.92 R20.0;	加工 LD 段弧
N0170 G02 X-40.0 Y0.0 R10.0;	走 DM 段弧,沿切向退刀
N0180 G03 X-58.0 Y18.0 R18.0;	回水平方向定位点(B 点)
N0190 G01 G40 Y0.0;	提刀
N0200 G00 Z50.0;	主轴停转
N0210 M05;	机床回零,冷却液关
N0220 G91 G28 Z0.0 M09;	
N0230 G28 X0.0 Y0.0;	程序结束
N0240 M30;	

注:表中点位置如图 7.12 所示。

7.5.2 盖板零件在加工中心的加工工艺

盖板是机械加工中常见的零件,加工表面有平面和孔,通常需经铣平面、钻孔、扩孔、镗孔、铰孔及攻螺纹等工步才能完成。下面以如图 7.13 所示盖板为例,介绍其在加工中心的加工工艺。

(1)分析零件图样,选择加工内容

该盖板的材料为铸铁,故毛坯为铸件。由零件图 7.13 可知,盖板的 4 个侧面为不加工表面,全部加工表面都集中在 A、B 面上。最高精度为 IT7 级。从工序集中和便于定位两个方面考虑,选择 B 面及位于 B 面上的全部孔在加工中心上加工,将 A 面作为主要定位基准,并在前道工序中先加工好。

(2)选择加工中心

由于 B 面及位于 B 面上的全部孔,只需单工位加工即可完成,故选择立式加工中心。加

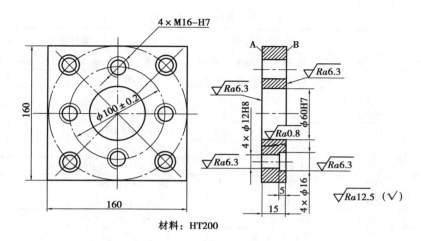

材料：HT200

图 7.13　盖板零件图

工表面不多,只有粗铣、精铣、粗镗、半精镗、精镗、钻、扩、锪、铰及攻螺纹等工步,所需刀具不超过 20 把。选用国产 XH714 型立式加工中心即可满足上述要求。该机床工作台尺寸为 400 mm×800 mm,X 轴行程为 600 mm,Y 轴行程为 400 mm,Z 轴行程为 400 mm,主轴端面至工作台台面距离为 125~525 mm,定位精度和重复定位精度分别为 0.02 mm 和 0.01 mm,刀库容量为 18 支,工件一次装夹后可自动完成铣、钻、镗、铰及攻螺纹等工步的加工。

（3）设计工艺

1）选择加工方法

B 平面用铣削方法加工,因其表面粗糙度 Ra 为 6.3 μm,故采用粗铣→精铣方案；ϕ60H7 孔为已铸出毛坯孔,为达到 IT7 级精度和 Ra0.8 μm 的表面粗糙度,需经 3 次镗削,即采用粗镗→半精镗→精镗方案;对 ϕ12H8 孔,为防止钻偏和达到 IT8 级精度,按钻中心孔→钻孔→扩孔→铰孔方案进行;ϕ16 mm 孔在 ϕ12 mm 孔基础上锪至尺寸即可;M16 mm 螺纹孔采用先钻底孔后攻螺纹的加工方法,即按钻中心孔→钻底孔→倒角→攻螺纹方案加工。

2）确定加工顺序

按照先面后孔、先粗后精的原则确定。具体加工顺序为粗、精铣 B 面→粗、半精、精镗 ϕ60H7 孔→钻各光孔和螺纹孔的中心孔→钻、扩、锪、铰 ϕ12H8 及 ϕ16 mm 孔→M16 mm 螺孔钻底孔、倒角和攻螺纹,详见表 7.17。

3）确定装夹方案

该盖板零件形状简单,4 个侧面较光整,加工面与不加工面之间的位置精度要求不高,故可选用通用台钳,以盖板底面 A 和两个侧面定位,用台钳钳口从侧面夹紧。

4）选择刀具

根据加工内容,所需刀具有面铣刀、镗刀、中心钻、麻花钻、铰刀、立铣刀（锪 ϕ16 mm 孔）及丝锥等,其规格根据加工尺寸选择。B 面粗铣铣刀直径应选小一些,以减小切削力矩,但也不能太小,以免影响加工效率;B 面精铣铣刀直径应选大一些,以减少接刀痕迹,但要考虑到刀库允许装刀直径（XH714 型加工中心的允许装刀直径:无相邻刀具为 ϕ150 mm,有相邻刀具为 ϕ80 mm）也不能太大。刀柄柄部根据主轴锥孔和拉紧机构选择。XH714 型加工中心主轴锥孔为 ISO40,适用刀柄为 BT40（日本标准 JISB6339）,故刀柄柄部应选择 BT40 形式。具体所选刀具及刀柄见表 7.16。

195

表 7.16　数控加工刀具卡片

产品名称或代号	×××	零件名称		盖　板	零件图号		×××
序号	刀具号	刀具规格名称/mm	数量	加工表面/mm		刀长/mm	备注
1	T01	φ100 可转位面铣刀	1	铣 A、B 表面			
2	T02	φ3 中心钻	1	钻中心孔			
3	T03	φ58 镗刀	1	粗镗 φ60H7 孔			
4	T04	φ59.9 镗刀	1	半精镗 φ60H7 孔			
5	T05	φ60H7 镗刀	1	精镗 φ60H7 孔			
6	T06	φ11.9 麻花钻	1	钻 4-φ12H8 底孔			
7	T07	φ16 阶梯铣刀	1	锪 4-φ16 阶梯孔			
8	T08	φ12H8 铰刀	1	铰 4-φ12 H8 孔			
9	T09	φ14 麻花钻	1	钻 4-M16 螺纹底孔			
10	T10	90°φ16 铣刀	1	4-M16 螺纹孔倒角			
11	T11	机用丝锥 M16	1	攻 4-M16 螺纹孔			
编制	×××	审核	×××	批准	×××	共　页	第　页

5)确定进给路线

B 面的粗、精铣削加工进给路线根据铣刀直径确定,因所选铣刀直径为 φ100 mm,故安排沿 Z 方向两次进给(见图 7.14)。因为孔的位置精度要求不高,机床的定位精度完全能保证,所有孔加工进给路线均按最短路线确定,如图 7.15 所示即为各孔加工工步的进给路线。

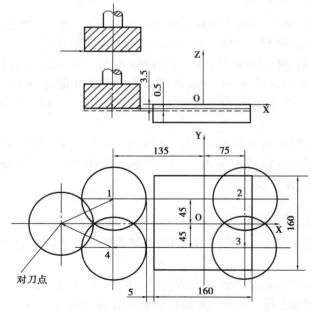

图 7.14　铣削 B 面进给路线

6)选择切削用量

查表确定切削速度和进给量,然后计算出机床主轴转速和机床进给速度,详见表 7.17。

表 7.17　数控加工工序卡片

单位名称	×××	产品名称或代号		零件名称	材料	零件图号
		×××		盖板	HT200	×××
工序号	程序编号	夹具名称		夹具编号	使用设备	车间
×××	×××	平口虎钳		×××	XH714	×××
工步号	工步内容	刀具号	刀具规格 /mm	主轴转速 /(r·min⁻¹)	进给速度 /(mm·min⁻¹)	背吃刀量 /mm	备注
1	粗铣 A 面	T01	$\phi100$	250	80	3.8	自动
2	精铣 A 面	T01	$\phi100$	320	40	0.2	自动
3	粗铣 B 面	T01	$\phi100$	250	80	3.8	自动
4	精铣 B 面,保证尺寸 15	T01	$\phi100$	320	40	0.2	自动
5	钻各光孔和螺纹孔的中心孔	T02	$\phi3$	1000	40		自动
6	粗镗 $\phi60H7$ 孔至 $\phi58$	T03	$\phi58$	400	60		自动
7	半精镗 $\phi60H7$ 孔至 $\phi59.9$	T04	$\phi59.9$	460	50		自动
8	精镗 $\phi60H7$ 孔	T05	$\phi60H7$	520	30		自动
9	钻 $4-\phi12H8$ 底孔至 $\phi11.9$	T06	$\phi11.9$	500	60		自动
10	锪 $4-\phi16$ 阶梯孔	T07	$\phi16$	200	30		自动
11	铰 $4-\phi12$ H8 孔	T08	$\phi12H8$	100	30		自动
12	钻 $4-M16$ 螺纹底孔至 $\phi14$	T09	$\phi14$	350	50		自动
13	$4-M16$ 螺纹孔倒角	T10	$\phi16$	300	40		自动
14	攻 $4-M16$ 螺纹孔	T11	M16	100	200		自动
编制	×××	审核	×××	批准	×××	共 1 页	第 1 页

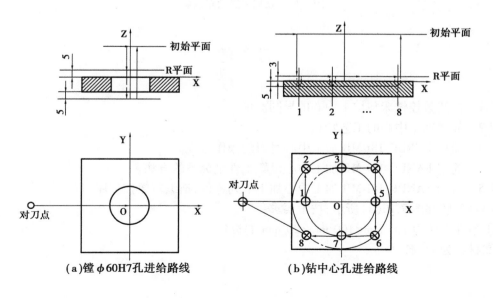

(a)镗 $\phi60H7$ 孔进给路线　　(b)钻中心孔进给路线

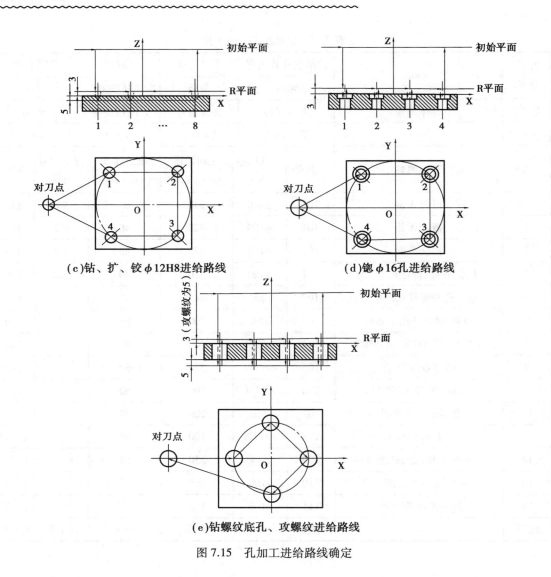

(c)钻、扩、铰 φ12H8进给路线   (d)锪 φ16孔进给路线

(e)钻螺纹底孔、攻螺纹进给路线

图 7.15 孔加工进给路线确定

习　题

7.1　简述数控铣床与加工中心的异同。

7.2　简述加工中心的工艺特点。

7.3　简述 FANUC 18i-MB 加工中心对刀的操作流程。

7.4　简述 FANUC 18i-MB 加工中心设置工件坐标系的方法。

7.5　若用 FANUC 18i-MB 加工中心加工下列零件,请编写数控程序。

1)零件图如图 7.16(a)所示,技术要求:

①零件毛坯为 100 mm×100 mm×20 mm 的板料。

②材料为 45 钢。

2)零件图如图 7.16(b)所示,技术要求:

①零件毛坯为 300 mm×200 mm×55 mm 的板料。

②材料为 YL12。

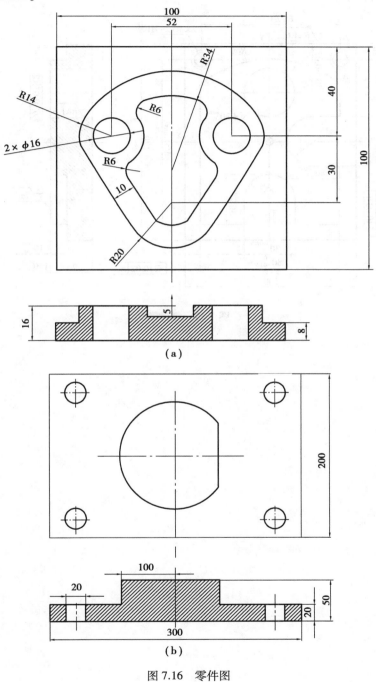

图 7.16　零件图

7.6　用 FANUC 18i-MB 加工中心加工如图 7.17 所示零件（单件生产），毛坯为100 mm×120 mm×26 mm 长方块（100 mm×120 mm 四方轮廓及底面已加工），材料为 45 钢。制订其加工工艺及数控程序。

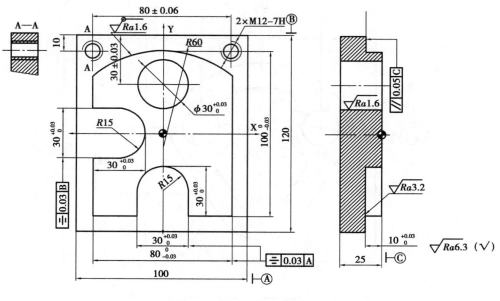

图 7.17　零件图

第 **8** 章
计算机辅助数控加工技术简介

8.1 概 述

  CAD/CAM 是计算机辅助设计与计算机辅助制造(Computer Aided Design and Computer Aided Manufacturing),是一项利用计算机作为主要技术手段,通过生成和运用各种数字信息与图形信息,帮助人们完成产品设计与制造的技术。CAD 主要是指使用计算机和信息技术来辅助完成产品的全部设计过程(指从接受产品的功能定义到设计完成产品的材料信息、结构形状和技术要求等,并最终以图形信息的形式表达出来的过程)。CAM 一般有广义和狭义两种理解,广义的 CAM 包括利用计算机进行生产的规划、管理和控制产品制造的全过程;狭义的 CAM 是指计算机辅助编制数控加工的程序,包括刀具路径的规划、刀位文件的生成、刀具轨迹仿真以及 NC 代码的生成等。CAD/CAM 技术的发展和应用水平已成为衡量一个国家科技现代化和工业现代化水平的重要标志之一。CAD/CAM 技术应用的实际效果是提高了产品设计的质量,缩短了产品设计制造周期,由此产生了显著的社会经济效益。目前,CAD/CAM技术广泛应用于机械、汽车、航空航天、电子、建筑工程、轻工、纺织及家电等领域。

8.2 典型 CAD/CAM 软件介绍

8.2.1 PRO/Engineer 概述

  Pro/Engineer 系统是美国参数技术公司(Parametric Technology Corporation,PTC)的产品。PTC 公司提出的单一数据库、参数化、基于特征、全相关的概念改变了机械 CAD/CAE/CAM的传统观念,这种全新的概念已成为当今世界机械 CAD/CAE/CAM 领域的新标准。利用该概念开发出来的第三代机械 CAD/CAE/CAM 产品 Pro/Engineer 软件能将设计至生产全过程集成到一起,让所有的用户能够同时进行同一产品的设计制造工作,即实现所谓的并行工程。

  Pro/Engineer 系统用户界面简洁,概念清晰,符合工程人员的设计思想与习惯。整个系统建立在统一的数据库上,具有完整而统一的模型。Pro/Engineer 建立在工作站上,系统独立于硬件,便于移植。

Pro/Engineer 模块功能介绍。

(1)工业设计(CAID)模块

工业设计模块主要用于对产品进行几何设计,以前在零件未制造出时,是无法观看零件形状的,只能通过二维平面图进行想象。现在用 3DS 可生成实体模型,但用 3DS 生成的模型在工程实际中是"中看不中用"。用 PRO/E 生成的实体建模,不仅中看,而且相当管用。事实上,PRO/E 后阶段的各个工作数据的产生都依赖于实体建模所生成的数据。工业设计(CAID)模块包括 PRO/3DPAINT(3D 建模)、PRO/ANIMATE(动画模拟)、PRO/DESIGNER(概念设计)、PRO/NETWORKANIMATOR(网络动画合成)、PRO/PERSPECTA-SKETCH(图片转三维模型)、PRO/PHOTORENDER(图片渲染)几个子模块。

(2)机械设计(CAD)模块

机械设计模块是一个高效的三维机械设计工具,它可绘制任意复杂形状的零件。在实际中存在大量形状不规则的物体表面,如摩托车轮毂,这些称为自由曲面。随着人们生活水平的提高,对曲面产品的需求将会大大增加。用 PRO/E 生成曲面仅需 2~3 步进行制作。PRO/E 生成曲面的方法有拉伸、旋转、放样、扫掠、网格、点阵等。由于生成曲面的方法较多,因此 PRO/E 可迅速建立任何复杂曲面。它既能作为高性能系统独立使用,又能与其他实体建模模块结合起来使用,它支持 GB、ANSI、ISO 和 JIS 等标准。机械设计(CAD)模块包括 PRO/AS-SEMBLY(实体装配)、PRO/CABLING(电路设计)、PRO/PIPING(弯管铺设)、PRO/REPORT(应用数据图形显示)、PRO/SCAN-TOOLS(物理模型数字化)、PRO/SURFACE(曲面设计)、PRO/WELDING(焊接设计)。

(3)功能仿真(CAE)模块

功能仿真(CAE)模块主要进行有限元分析。中国有句古话:"画虎画皮难画骨,知人知面不知心。"主要是讲事物内在特征很难把握。机械零件的内部变化情况是难以知晓的。有限元仿真使人们有了一双慧眼,能"看到"零件内部的受力状态。利用该功能,在满足零件受力要求的基础上,便可充分优化零件的设计。著名的可口可乐公司,利用有限元仿真,分析其饮料瓶,结果使瓶体质量减轻了近 20%,而其功能丝毫不受影响,仅此一项就取得了极大的经济效益。功能仿真(CAE)模块包括 PRO/FEM-POST(有限元分析)、PRO/MECHANICA CUSTOMLOADS(自定义载荷输入)、PRO/MECHANICA EQUATIONS(第三方仿真程序连接)、PRO/MECHANICA MOTION(指定环境下的装配体运动分析)、PRO/MECHANICA THERMAL(热分析)、PRO/MECHANICA TIRE MODEL(车轮动力仿真)、PRO/MECHANICA VIBRATION(振动分析)、PRO/MESH(有限元网格划分)。

(4)制造(CAM)模块

在机械行业中用到的 CAM 制造模块中的功能是 NC Machining(数控加工)。说到数控功能,就不能不提 20 世纪 80 年代著名的"东芝事件"。当时,苏联从日本东芝公司引进了一套五坐标数控系统及数控软件 CAMMAX,加工出高精度、低噪声的潜艇推进器,从而使西方的反潜系统完全失效,损失惨重。东芝公司因违反"巴统"协议,擅自出口高技术,受到了严厉的制裁。在这一事件中出尽风头的 CAMMAX 软件就是一种数控模块。PRO/ES 的数控模块包括 PRO/CASTING(铸造模具设计)、PRO/MFG(电加工)、PRO/MOLDESIGN(塑料模具设计)、

PRO/NC-CHECK（NC 仿真）、PRO/NCPOST（CNC 程序生成）、PRO/SHEETMETAL（钣金设计）。

（5）数据管理（PDM）模块

PRO/E 的数据管理模块就像一位保健医生，它在计算机上对产品性能进行测试仿真，找出造成产品各种故障的原因，帮助你对症下药，排除产品故障，改进产品设计。它就像 PRO/E 家庭的一个大管家，将触角伸到每一个任务模块，并自动跟踪你创建的数据，这些数据包括你存储在模型文件或库中零件的数据。这个管家通过一定的机制，保证了所有数据的安全及存取方便。数据管理（PDM）模块包括 PRO/PDM（数据管理）、PRO/REVIEW（模型图纸评估）。

（6）数据交换（Geometry Translator）模块

在实际工作中还存在一些别的 CAD 系统，如 UG Ⅱ、EUCLID、CIMATRTON、MDT 等，由于它们门户有别，故自己的数据都难以被对方所识别。但在实际工作中，往往需要接受别的 CAD 数据。这时几何数据交换模块就会发挥作用。PRO/E 中几何数据交换模块有好几个，如 PRO/CAT（PRO/E 和 CATIA 的数据交换）、PRO/CDT（二维工程图接口）、PRO/DATA FOR PDGS（PRO/E 和福特汽车设计软件的接口）、PRO/DEVELOP（PRO/E 软件开发）、PRO/DRAW（二维数据库数据输入）、PRO/INTERFACE（工业标准数据交换格式扩充）、PRO/INTERFACE FOR STEP（STEP/ISO10303 数据和 PRO/E 交换）、PRO/LEGACY（线架/曲面维护）、PRO/LIBRARYACCESS（PRO/E 模型数据库进入）、PRO/POLT（HPGL/POSTSCRIPTA 数据输出）。

8.2.2　Unigraphics（UG）

UG（Unigraphics NX）是 Siemens PLM Software 公司出品的一个产品工程解决方案，它为用户的产品设计及加工过程提供了数字化造型和验证手段。Unigraphics NX 针对用户的虚拟产品设计和工艺设计的需求，提供经过实践验证的解决方案。广泛应用于汽车与交通、航空航天、日用消费品、通用机械以及电子工业等多个领域。

UG 是 Unigraphics Solutions 公司的拳头产品。该公司首次突破传统 CAD/CAM 模式，为用户提供一个全面的产品建模系统。在 UG 中，优越的参数化和变量化技术与传统的实体、线框和表面功能结合在一起，这一结合被实践证明是强有力的，并被大多数 CAD/CAM 软件厂商所采用。

UG 模块功能介绍如下：

（1）UG/Gateway（UG 入口）

该模块是 UG 的基本模块，包括：打开、创建、存储等文件操作；着色、消隐、缩放等视图操作；视图布局；图层管理；绘图及绘图机队列管理；空间漫游，可定义漫游路径，生成电影文件；表达式查询；特征查询；模型信息查询、坐标查询、距离测量；曲线曲率分析；曲面光顺分析；实体物理特性自动计算；用于定义标准化零件族的电子表格功能；按可用于互联网主页的图片文件格式生成 UG 零件或装配模型的图片文件，这些格式包括：CGM、VRML、TIFF、MPEG、GIF 和 JPEG；输入、输出 CGM、UG/Parasolid 等几何数据；Macro 宏命令自动记录、回放功能；User Tools 用户自定义菜单功能，使用户可快速访问其常用功能或二次开发的功能。

（2）UG 实体建模（UG/Solid Modeling）

UG 实体建模提供了草图设计、各种曲线生成、编辑、布尔运算、扫掠实体、旋转实体、沿导轨扫掠、尺寸驱动、定义、编辑变量及其表达式、非参数化模型后参数化等工具。

（3）UG/Features Modeling（UG **特征建模**）

UG 特征建模模块提供了各种标准设计特征的生成和编辑,各种孔、键槽、方形凹腔、圆形凹腔、异形凹腔、方形凸台、圆形凸台、异形凸台、圆柱、方块、圆锥、球体、管道、杆、倒圆、倒角、模型抽空产生薄壁实体、模型简化（Simplify）,用于压铸模设计、实体线、面提取,用于砂型设计等,拔锥、特征编辑:删除、压缩、复制、粘贴等,特征引用、阵列、特征顺序调整、特征树等工具。

（4）UG/Free Form Modeling（UG **自由曲面建模**）

UG 具有丰富的曲面建模工具。包括直纹面、扫描面、通过一组曲线的自由曲面、通过两组类正交曲线的自由曲面、曲线广义扫掠、标准二次曲线方法放样、等半径和变半径倒圆、广义二次曲线倒圆、两张及多张曲面间的光顺桥接、动态拉动调整曲面、等距或不等距偏置、曲面裁减、编辑、点云生成、曲面编辑。

（5）UG/Drafting（UG **工程绘图**）

UG 工程绘图模块提供了自动视图布置、剖视图、各向视图、局部放大图、局部剖视图、自动、手工尺寸标注、形位公差、粗糙度符号标注、支持 GB、标准汉字输入、视图手工编辑、装配图剖视、爆炸图、明细表自动生成等工具。

（6）UG/Assembly Modeling（UG **装配建模**）

UG 装配建模具有如下特点:提供并行的自顶而下和自下而上的产品开发方法;装配模型中零件数据是对零件本身的链接映象,保证装配模型和零件设计完全双向相关,零件设计修改后装配模型中的零件会自动更新,同时可在装配环境下直接修改零件设计;装配部分着色显示;标准件库调用;质量控制;在装配层次中快速切换,直接访问任何零件或子装配件;生成支持汉字的装配明细表,当装配结构变化时装配明细表可自动更新。

（7）UG/CAM BASE（UG **加工基础**）

UG 加工基础模块提供如下功能:在图形方式下观测刀具沿轨迹运动的情况、进行图形化修改,如对刀具轨迹进行延伸、缩短或修改等;点位加工编程功能,用于钻孔、攻丝和镗孔等;按用户需求进行灵活的用户化修改和剪裁;定义标准化刀具库、加工工艺参数样板库,使粗加工、半精加工、精加工等操作常用参数标准化,以减少使用培训时间并优化加工工艺。

（8）UG/Post Execute **后处理**（UG/Post Builder **加工后置处理**）

UG/Post Execute 和 UG/Post Builder 共同组成了 UG 加工模块的后置处理。UG 的加工后置处理模块使用户可方便地建立自己的加工后置处理程序。该模块适用于目前世界上几乎所有主流 NC 机床和加工中心。该模块在多年的应用实践中,已被证明适用于二轴—五轴或更多轴的铣削加工、二轴—四轴的车削加工和电火花线切割。

（9）UG/Lathe（UG **车削**）

UG 车削模块提供粗车、多次走刀精车、车退刀槽、车螺纹和钻中心孔、控制进给量以及主轴转速和加工余量等参数;在屏幕模拟显示刀具路径,可检测参数设置是否正确;生成刀位原文件（CLS）等功能。

（10）UG/Core & Cavity Milling（UG **型芯、型腔铣削**）

UG 型芯、型腔铣削可完成粗加工单个或多个型腔,沿任意类似型芯的形状进行粗加工大余量去除,对非常复杂的形状产生刀具运动轨迹、确定走刀方式,通过容差型腔铣削可加工设计精度低、曲面之间有间隙和重叠的形状,而构成型腔的曲面可达数百个、发现型面异常时,它可以或自行更正,或者在用户规定的公差范围内加工出型腔等功能。

（11）UG/Planar Milling（UG **平面铣削**）

UG 平面铣削模块提供如下功能:多次走刀轮廓铣,仿形内腔铣,Z 字形走刀铣削,规定避开夹具和进行内部移动的安全余量,提供型腔分层切削功能,凹腔底面小岛加工功能,对边界和毛料几何形状的定义,显示未切削区域的边界,提供一些操作机床辅助运动的指令,如冷却、刀具补偿和夹紧等。

（12）UG/Fixed Axis Milling（UG **定轴铣削**）

UG 定轴铣削模块功能实现描述如下:产生三轴联动加工刀具路径:加工区域选择功能;多种驱动方法和走刀方式可供选择,如沿边界切削、放射状切削、螺旋切削及用户定义方式切削,在沿边界驱动方式中又可选择同心圆和放射状走刀等多种走刀方式;提供逆铣、顺铣控制以及螺旋进刀方式;自动识别前道工序未能切除的未加工区域和陡峭区域,以便用户进一步清理这些地方;UG 固定轴铣削可仿真刀具路径,产生刀位文件,用户可接受并存储刀位文件,也可删除并按需要修改某些参数后重新计算。

（13）UG/Sequential Milling（UG **顺序铣**）

UG 顺序铣模块可实现如下功能:控制刀具路径生成过程中的每一步骤的情况;支持二轴—五轴的铣削编程;与 UG 主模型完全相关,以自动化的方式,获得类似 APT 直接编程一样的绝对控制;允许用户交互式地一段一段地生成刀具路径,并保持对过程中每一步的控制;提供的循环功能使用户可以仅定义某个曲面上最内和最外的刀具路径,由该模块自动生成中间的步骤;该模块是 UG 数控加工模块中如自动清根等功能一样的 UG 特有模块,适合于高难度的数控程序编制。

（14）UG/Wire EDM（UG **线切割**）

UG 线切割支持如下功能:UG 线框模型或实体模型;进行二轴和四轴线切割加工;多种线切割加工方式,如多次走刀轮廓加工、电极丝反转和区域切割;支持定程切割,使用不同直径的电极丝和功率大小的设置;可用 UG/Postprocessing 通用后置处理器来开发专用的后处理程序,生成适用于某个机床的机床数据文件。

（15）UG/Vericut（UG **切削仿真**）

UG/Vericut 切削仿真模块是集成在 UG 软件中的第三方模块,它采用人机交互方式模拟、检验和显示 NC 加工程序,是一种方便的验证数控程序的方法。由于省去了试切样件,可节省机床调试时间,减少刀具磨损和机床清理工作。通过定义被切零件的毛坯形状,调用 NC 刀位文件数据,就可检验由 NC 生成的刀具路径的正确性。UG/Vericut 可以显示加工后并着色的零件模型,用户可以容易地检查出不正确的加工情况。作为检验的另一部分,该模块还能计算出加工后零件的体积和毛坯的切除量,因此就容易确定原材料的损失。Vericut 提供了许多功能,其中有对毛坯尺寸、位置和方位的完全图形显示,可模拟二轴—五轴联动的铣削和钻削加工。

8.2.3　CATIA

CATIA 是达索公司开发的高档 CAD/CAM 软件。CATIA 通常被称为 3D 产品生命周期管理软件套件,支持产品开发的多个阶段(CAx),包括概念化、设计(CAD)、工程(CAE)和制造(CAM)。CATIA 围绕其 3DEXPERIENCE 平台促进跨学科的协同工程,包括表面和形状设计,以及电气、流体和电子系统设计。

CATIA 软件以其强大的曲面设计功能而在飞机、汽车、轮船等设计领域享有很高的声誉。CATIA 的曲面造型功能体现在它提供了极丰富的造型工具来支持用户的造型需求。其特有的高次 Bezier 曲线曲面功能,次数能达到 15,能满足特殊行业对曲面光滑性的苛刻要求。CATIA 在机械领域的功能主要有:

（1）**装配设计**（ASS）

CATIA 装配设计可以使设计师建立并管理基于 3D 零件机械装配件。装配件可以由多个主动或被动模型中的零件组成。零件间的接触自动地对连接进行定义,方便了 CATIA 运动机构产品进行早期分析。基于先前定义零件的辅助零件定义和依据它们之间接触进行自动放置,可加快装配件的设计进度,后续应用可利用此模型进行进一步的设计、分析和制造等。

（2）Drafting（DRA）

CATIA 制图产品是 2D 线框和标注产品的一个扩展。制图产品使用户可以方便地建立工程图样,并为文本、尺寸标注、客户化标准、2D 参数化和 2D 浏览功能提供一整套工具。

（3）Draw-Space（2D/3D） Integration（DRS）

CATIA 绘图-空间（2D/3D）集成产品将 2D 和 3D CATIA 环境完全集成在一起。该产品使设计师和绘图员在建立 2D 图样时从 3D 几何体生成投影图和平面剖切图。用户可以通过控制模型间的 2D 和 3D 相关性,系统会自动地由 3D 数据生成 2D 图样和剖切图。

（4）CATIA **特征设计模块**（FEA）

CATIA 特征设计产品通过将系统本身提供的或客户自行开发的特征用同一个专用对话结合起来,从而增强了设计师建立棱柱件的能力。这个专用对话着重于一个类似于一族可重新使用的零件或用于制造的设计过程。

（5）**钣金设计**（Sheetmetal Design）

CATIA 钣金设计产品使设计和制造工程师可以定义、管理并分析基于实体的钣金件。采用工艺和参数化属性,设计师可以对几何元素增加材料属性等特征,以获取设计意图并对后续应用提供必要的信息。

（6）**高级曲面设计**（ASU）

CATIA 高级曲面设计模块提供了便于用户建立、修改和光顺零件设计所需曲面的一套工具。高级曲面设计产品的强项在于,其生成几何的精确度和其处理理想外形而无须关心其复杂度的能力。无论是出于美观的原因还是出于技术原因,曲面的质量都是很重要的

（7）**白车身设计**（BWT）

白车身设计产品,对设计类似于汽车内部车体面板和车体加强筋这样复杂的薄板零件提供了新的设计方法。可使设计人员定义并重新使用设计和制造规范,通过 3D 曲线对这些形状的扫掠,便可自动地生成曲面,结果可生成高质量的曲面和表面,并避免了耗时的重复设计。该新产品同时是对 CATIA-CADAM 方案中已有的混合造型技术的补充。

（8）CATIA 与 ALIAS **互操作模块**（CAI）

对于外形至关重要的行业,比如汽车、摩托车及日用消费品,CATIA-ALIAS 数据互操作接口可在 CATIA 和 ALIAS 间提供有效的数据交换,它提高了风格造型过程的效率,同时保证这些行业的设计师与工程师之间更方便地协调设计。该解决方案很大程度上避免了耗时的模型转换和数据传输错误,有利于设计师和工程师提高产品质量,缩短项目完成时间。

（9）CATIA 逆向工程模块（CGO）

该产品可使设计师将物理样机转换到 CATIA Designs 下并转变为数字样机，并将测量设计数据转换为 CATIA 数据。该产品同时提供了一套有价值的工具来管理大量的点数据，以便进行过滤、采样、偏移、特征线提取、剖截面和体外点剔除等。支持由 CATIA 曲线和曲线生成点数据云团；反过来，也可由点数据云团到 CATIA 曲线和曲面。

（10）自由外形设计（FRF）

CATIA 自由外形设计产品提供设计师一系列工具，实施风格或外形定义或复杂的曲线和曲面定义。对 NURBS 的支持使得曲面的建立和修形以及与其他 CAD 系统的数据交换更加轻而易举。

（11）创成式外形建模（GSM）

创成式外形建模产品是曲面设计的一个工具，通过对设计方法和技术规范的捕捉和重新使用，可以加速设计过程，在曲面技术规范编辑器中对设计意图进行捕捉，使用户在设计周期中任何时候可以方便快速地实施重大设计更改。

（12）曲面设计（SUD）

CATIA 曲面设计模块使设计师能够快速方便地建立并修改曲面几何。它也可作为曲面、表皮和闭合体建立和处理的基础。曲面设计产品有许多自动化功能，包括分析工具和加速分析工具等，可加快曲面设计过程。

（13）装配模拟（Fitting Simulation）

CATIA 装配模拟产品可使用户定义零件装配或拆卸过程中的轨迹。使用动态模拟，系统可以确定并显示碰撞及是否超出最小间隙。用户可以重放零件运动轨迹，以确认设计更改的效果。

（14）空间分析（SPA）

CATIA 空间分析产品允许汽车、航空航天、造船和设备行业的机械设计师检查零件干涉和验证 CATIA3D 元素之间的间隙。该产品对快速方便地混合环境下辨别和确定相关干涉提供了集成化的工具。

（15）ANSYS 接口（ANSYS Interface）

CATIA ANSYS 接口产品能对 CATIA 有限元模型生成器所建立的模型进行预处理，以供 ANSYS 求解器使用。ANSYS 接口产品将 ANSYS 这个通用求解器集成到 CATIA 环境中，包括对 ANSYS 求解器生成的数据进行后处理，以便用 CATIA 科学管理模块进行描述。

（16）有限元模型生成器（FEM）

该产品同时具有自动化网格划分功能，可方便地生成有限元模型。有限元模型生成器具有开放式体系结构，可以同其他商品化或专用求解器进行接口。该产品同 CATIA 紧密地集成在一起，简化了 CATIA 客户的培训，有利于在一个 CAD/CAM/CAE 系统中完成整个有限元模型造型和分析。

（17）创成式零件分析及优化（GPO）

CATIA 创新式零件应力分析产品在产品开发过程初期提供设计师一个应力分析工具，作为铸件、锻件或厚壁零件设计的指导。交互式地对零件而非有限元模型进行操作；用户只需输入参数，系统可对设计自动优化。载荷及约束值随着每次迭代，自动地显示出来。用户可通过历史浏览器对所有分析结果的变化进行研究，边设计边分析，同时可获得有关质量、位移以及主应力等数据。

（18）创成式零件应力分析（GPS）

CATIA 创成式应力分析产品在产品开发过程初期提供设计师一个应力分析工具，作为铸件、锻件或厚壁零件设计的指导。交互地对零件而非有限元模型进行操作，设计师只需用六个简单的步骤在零件上进行检查。

（19）CATIA 机构设计运动分析模块（KIN）

CATIA 运动机构产品可使用户通过真实化仿真设计，并验证机构的运动状况，基于新的或现有的零件几何，运动机构可以建立许多 2D 和 3D 连接，来分析加速度、干涉、速度和间隙等。

（20）科学表示管理器（SPM）

该产品主要用于有限元求解器如 CATIA ELFINI 求解器产品等所产生的计算结果的后置处理。科学表示管理器的图形显示，使其可以描述基于网格的数据。用户可以用许多方法，包括对结果的着色、标注、重叠显示和模拟等手段处理与显示这些生成数据。

（21）制造基础框架（Manufacturing Infrastructure）

CATIA 制造基础框架产品是所有 CATIA 数控产品的基础，其中包含 NC 工艺数据库（NC Technological Database）存放的所有刀具、刀具组件、机库、材料和切削状态等信息。该产品提供对走刀路径进行重放和验证的工具，用户可以通过图形化显示来检查和修改刀具轨迹；同时，可以定义并管理机械加工的 CATIA NC 宏，并且建立和管理后处理代码和语法。

（22）注模和压模加工辅助器（Mold and Die Machining Assistant）

CATIA 注模和压模加工辅助器产品，将加工像注模和压模零件的数控程序的定义自动化。这种方法简化了程序员的工作，系统可以自动生成 NC 文件。

（23）多轴加工编程器（Multi-Axis Machining Programmer）

CATIA 多轴加工编程器产品对 CATIA 制造产品系列提出新的多轴编程功能，并采用 NCCS（数控计算机科学）的技术，以满足复杂 5 轴加工的需要。这些产品为从 2.5 轴到 5 轴铣加工和钻加工的复杂零件制造提供了解决方案。

（24）曲面加工编程器（Surface Machining Programmer）

CATIA 曲面加工编程器产品可使用户建立 3 轴铣加工的程序，将 CATIANC 铣产品的技术与 CATIA 制造平台结合起来，这样就可以存取制造库，并使机械加工标准化。

8.2.4　Mastercam

Mastercam 是美国 CNC Software Inc.公司开发的基于 PC 平台的 CAD/CAM 软件。它具有方便直观的几何造型，提供了设计零件外形所需的理想环境，其强大稳定的造型功能可设计出复杂的曲线、曲面零件，是经济且高效的全方位软件系统，包括美国在内的很多工业大国皆采用本系统作为设计、加工制造的首选软件。

Mastercam 是一套全面服务于制造业的数控加工软件，它包括设计（Design）、车削（Lathe）、铣削（Mill）、线切割（Wire）4 个模块。其中，设计模块主要用于绘图和加工零件的造型；车削模块主要用于生成车削加工的刀具路径；铣削模块主要用于生成铣削加工的刀具路径；线切割模块主要用于生成电火花线切割的加工路径。其中后 3 个加工模块内也包括设计模块中的完整设计功能。

Mastercam 具有强劲的曲面粗加工及灵活的曲面精加工功能。Mastercam 提供了多种先进的粗加工技术,以提高零件加工的效率和质量。Mastercam 还具有丰富的曲面精加工功能,可以从中选择最好的方法,加工最复杂的零件。Mastercam 的多轴加工功能,为零件的加工提供了更多的灵活性。

可靠的刀具路径校验功能。Mastercam 可模拟零件加工的整个过程,模拟中不但能显示刀具和夹具,还能检查刀具和夹具与被加工零件的干涉、碰撞情况。

Mastercam 软件的 Mill 和 Wire 是非常优秀的、应用于数控铣、加工中心和慢走丝线切割辅助编程的软件,能高效地编制各种铣、线数控加工程序。用它可快速设计、加工机械零件,还可组织、管理相关的文档。无论是 3D 几何建模还是二维、三维编程,Mastercam 都提供了强大的功能。其具有:易学易用;友好的图形界面,使编程随心所欲;用户自定义的图标及功能热键,使常用热键唾手可得;在线帮助可迅速提供关键技术及命令的详细说明等优点。

8.2.5　CAXA

CAXA 电子图板和 CAXA-ME 制造工程师是较为著名的国产 CAD/CAM 软件,由北京数码大方科技股份有限公司(CAXA)开发。该公司是中国最大的 CAD 和 PLM 软件供应商,是中国工业云的倡导者和领跑者。主要提供数字化设计(CAD)、数字化制造(MES)、产品全生命周期管理(PLM)和工业云服务,是"中国工业云服务平台"的发起者和主要运营商。

CAXA 电子图板是一套高效、方便、智能化的通用中文设计绘图软件,可帮助设计人员进行零件图、装配图、工艺图表和平面包装的设计,适合所有需要二维绘图的场合,使设计人员可以将精力集中在设计构思上,彻底甩掉图板,满足现代企业快速设计、绘图、信息电子化的要求。

CAXA 制造工程师不仅是一款高效易学,具有很好工艺性的数控加工编程软件,而且还是一套基于微机平台、全中文三维造型与曲面实体完美结合的 CAD/CAM 一体化系统,可以生成 3~5 轴的加工代码,用于加工具有复杂三维曲面的零件,为数控加工行业提供了从造型设计到加工代码生成、校验一体化的全面解决方案。

8.3　典型零件 CAD/CAM 应用实例

8.3.1　快餐盒模具的 MASTERCAM 自动编程加工

加工如图 8.1 所示的快餐盒的模具(凹模),其材料为 45 号调质钢 HB250,毛坯为已加工过的方料 130 mm×100 mm×30 mm。

其基本尺寸如图 8.2 所示。

(1)工艺分析

零件材料硬度较高,查表得高速钢铣刀的允许切削速度为 18 m/min,硬质合金通常的允许切削速度为 60 m/min,从中可知,选用硬质合金铣刀具耐用度高、效率高。加工过程可分粗、精两步进行,从切削性能和加工的表面粗糙度情况考虑,粗加工选用 ϕ12 平头铣刀,精加工选用 ϕ10 球头铣刀。

图 8.1　快餐盒曲面

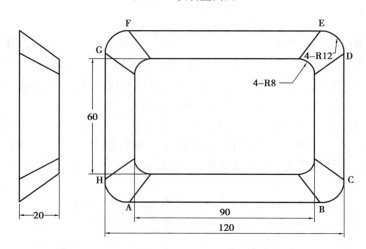

图 8.2　快餐盒尺寸

1)切削用量设定

用查表法查出允许切削速度和每齿进给量,用公式 $n = 1\,000 \times v/\pi D$ 和 $F = z \times f_z \times n$ 计算出主轴转速和每分钟进给量。从表查得硬质合金铣刀每齿进给:粗加工 $f_z = 0.08$ mm/齿;精加工取粗加工的 80%,$f_z = 0.06$ mm/齿。粗加工 $v = 60$ m/min$\times 70\% = 42$ m/min。

对于粗加工选用的 $\phi12$ 平头铣刀:

$$n = 1\,000 \times v/\pi D = \frac{1\,000 \times 42}{3.14 \times 12}\text{r/min} = 1\,100 \text{ r/min}$$

$$F = z \times f_z \times n = 2 \times 0.08 \times 1\,100 \text{ mm/min} = 176 \text{ mm/min}$$

对于精加工选用的 $\phi10$ 球头铣刀:

$$n = 1\,000 \times v/\pi D = \frac{1\,000 \times 60}{3.14 \times 10} \text{ r/min} = 1\,900 \text{ r/min}$$

$$F = z \times f_z \times n = 2 \times 0.06 \times 1\,900 \text{ mm/min} = 228 \text{ mm/min}$$

2)走刀方式选择

由于快餐盒表面为三维形状,因此,需采用曲面加工而不是二维加工方式。对应于快餐盒模具的凹腔形状可选用平行铣削、放射状铣削或环绕等距铣削,从粗加工后的最大残余量的一致性以及精加工的表面粗糙度的一致性考虑,粗加工选用曲面挖槽加工方式,走刀方式选用环绕等距方式,每层最大切削深度 5 mm,横向进给步距取刀具直径的 50%(6 mm);精加工选用环绕等距加工方式,横向进给步距取 0.6 mm。

(2)粗加工刀具路径设置

首先在"刀具路径"→"工作设定"中,设置毛坯尺寸为 130 mm×100 mm×30 mm。

依次选择"刀具路径"→"曲面加工"→"粗加工"→"挖槽粗加工"→"所有的"→"曲面"→"执行",弹出如图 8.3 所示的"曲面粗加工-挖槽"刀具参数设定菜单,在相应栏目中输入前面工艺分析中拟订的数据。

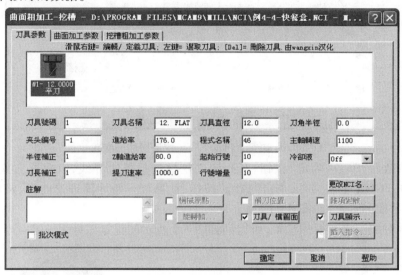

图 8.3 快餐盒粗加工——刀具参数

设置如图 8.4 所示的曲面加工参数。由于是粗加工,加工面预留量参数设置为"0.5"。

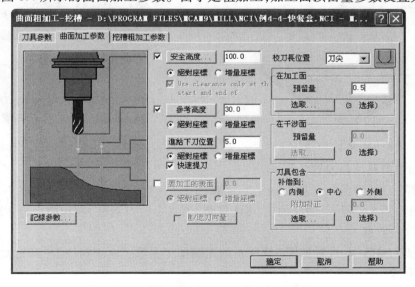

图 8.4 快餐盒粗加工——曲面加工参数

设置如图 8.5 所示的挖槽粗加工参数,根据粗糙度要求设置相应的加工参数,并选择"等距环切"的切削方式,以等距环切作为挖槽粗加工路径。

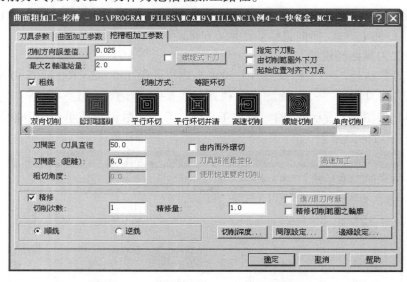

图 8.5　快餐盒粗加工——挖槽粗加工参数

设置完参数后,单击"确定"按钮,开始定义挖槽的最外边界线,以串连方式,选择图 8.2 所示的 ABCDEFGHA 串联路径,单击"执行"按钮后,系统开始计算理论曲面、补偿曲面、刀具轨迹,先后显示在屏幕上,如图 8.6 所示。

如果这时对加工进行模拟验证,可得到如图 8.7 所示的粗加工结果。

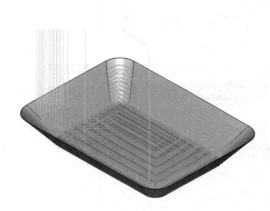

图 8.6　快餐盒粗加工刀具路径　　　　　　　　图 8.7　快餐盒粗加工实体模拟验证

(3)精加工刀具路径设置

依次选择"刀具路径"→"曲面加工"→"精加工"→"环绕等距"→"所有的"→"曲面"→"执行",弹出如图 8.8 所示"曲面加工-环绕等距"刀具参数对话框,在相应栏目中输入前面工艺分析中拟订的数据。

在曲面加工参数中,设置如图 8.9 所示的曲面加工参数。由于精加工,因此加工面预留量应设置为"0.0"。

设置如图 8.10 所示的 3D 环绕等距加工参数。其中,"最大切削间距"指相邻的两条切削

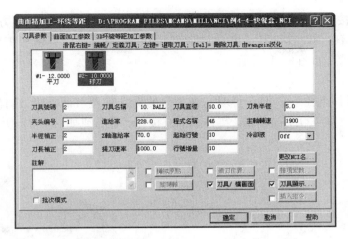

图 8.8　餐盒精加工——刀具参数

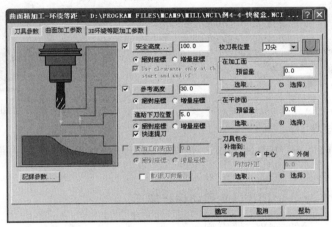

图 8.9　快餐盒精加工——曲面加工参数

路径之间的最大距离,显然该值应比刀具直径小,否则每两条相邻切削路径之间会有一部分材料切不到。这里可设置其值为"0.6"。

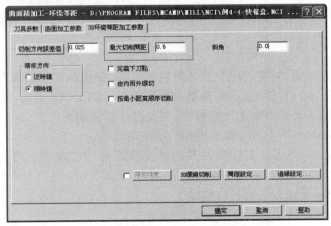

图 8.10　快餐盒精加工——3D 环绕等距加工参数

单击"确定"按钮后,开始定义环绕等距精加工的最外边界线,以串连方式,选择如图 8.2 所示的 ABCDEFGHA 串连路径后,单击"执行"按钮,系统开始计算精加工刀具路径轨迹、理论曲面、补偿曲面等,如图 8.11 所示。

（4）**仿真检验**

依次选择"刀具路径"→"操作管理",在弹出的操作管理对话框中,选择挖槽粗加工和等距环切精加工两个加工工序,单击"实体验证"按钮,可得到如图 8.12 所示的快餐盒加工结果。

图 8.11　快餐盒精加工——刀具轨迹　　　　　图 8.12　快餐盒加工实体模拟验证

（5）**生成加工程序**

在操作管理对话框中,单击"后处理"按钮,将程序保存到用户自定的路径中,可得到快餐盒加工的数控程序。

8.3.2　旋钮零件的 MASTERCAM 自动编程加工

加工如图 8.13 所示的旋钮零件模型。

（1）**工作设定**

按如图 8.13 所示在 MASTERCAM 中绘制好旋钮零件图形,构建三维模型时可采用实体造型。通过工作设定设置毛坯大小,从主菜单进入,依次选择"刀具路径"→"工作设定"进入工作设定对话框,单击"边界盒"按钮,系统直接计算出边界尺寸,产生一方体毛坯。毛坯中心点与系统原点重合。

（2）**工艺分析**

对于这种三维立体模型,需要进行旋钮外轮廓铣削、旋钮柄部及圆弧交接曲面加工、陡斜面加工等,采用加工中心可达到要求的精度和提高效率。加工方式分以下 5 步进行:

①采用直径 $\phi16$ mm 平刀加工外轮廓,采用二维外形铣削方式。

②采用直径 $\phi16$ mm 平刀进行曲面挖槽(凸槽)粗加工。

③采用直径 $\phi8$ mm 球刀对旋钮柄部及圆弧交接面进行等高线半精加工,外轮廓上平面设置为干涉面。

④采用直径 $\phi8$ mm 球刀进行平行精加工。

⑤采用直径 $\phi8$ mm 球刀进行平行陡斜面精加工。

（3）**二维外形铣削刀具路径设置**

从主菜单开始依次选择"刀具路径"→"外形铣削",按照顺时针方向选择旋钮外轮廓线,

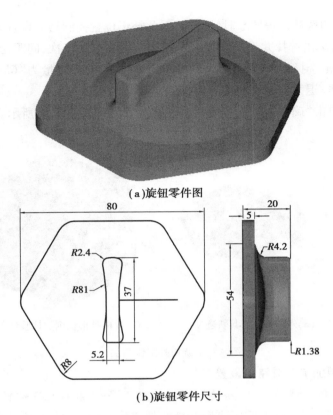

(a)旋钮零件图

(b)旋钮零件尺寸

图 8.13　旋钮零件

单击"执行"按钮后,在"外形铣削(2D)"刀具参数对话框中,选择直径 16 mm 的平刀,并设置相应刀具参数,并设置相关二维外形铣削参数如图 8.14 所示。

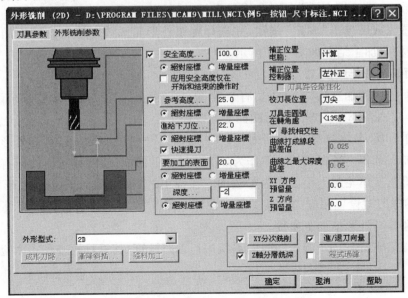

图 8.14　旋钮加工——外形铣削参数

由于串连图形的选择是按照顺时针方向,因此补正位置控制器应设置为"左补偿"。在如图 8.14 所示右下角单击选择并设置"XY 分次铣削",设置粗铣 1 次,间距为"5",精铣 1 次,精修余量为"0.5";单击选择并设置"Z 轴分层铣深",设定最大粗切量为"6",精修次数为"0";单击选择并设置"进/退刀向量",可取其默认值。

设置完成后,单击"确定"按钮,则旋钮外轮廓加工结果如图 8.15 所示。

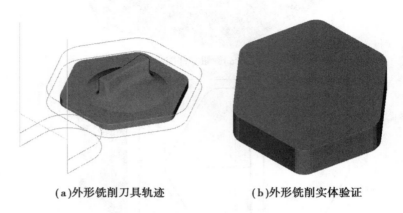

(a)外形铣削刀具轨迹   (b)外形铣削实体验证

图 8.15　旋钮外形铣削加工

(4)曲面挖槽粗加工刀具路径设置

从主菜单开始,依次选择"刀具路径"→"曲面加工"→"粗加工"→"挖槽粗加工",系统提示选择要计算的曲面时,由于前面造型选择的是实体造型,因此选择实体主体作为加工要计算的曲面,即选择了实体的所有表面作为加工面,然后单击"执行"按钮,在弹出的曲面粗加工挖槽参数对话框中,选择 16 mm 的平刀并设置相关刀具参数。在如图 8.16 所示的曲面粗加工挖槽参数中,设置相应的曲面加工参数和挖槽粗加工参数。

参数设置完成后单击"确定"按钮,并选择旋钮外形轮廓线来定义挖槽粗加工的加工范围,则旋钮挖槽粗加工结果如图 8.17 所示。

(5)曲面等高线半精加工

经过曲面挖槽粗加工后,毛坯仍留有余量,需进行半精加工以进一步清除余量,使精加工中的余量均匀。采用 8 mm 球刀进行曲面等高线加工。

从主菜单开始,依次选择"刀具路径"→"曲面加工"→"精加工"→"等高外形",进入曲面等高外形精加工菜单。选择实体主体作为加工要计算的曲面,即选择实体的所有表面作为加工面。选择旋钮实体轮廓上平面作为检查面。在弹出的"曲面精加工-等高外形"对话框中,选择 8 mm 的球刀并设置相应的刀具参数。按照如图 8.18 所示设置旋钮等高外形加工的曲面加工参数和等高外形精加工参数。

参数设置完成后,单击"确定"按钮,系统进行刀路计算,其刀具轨迹和实体验证结果如图 8.19 所示。

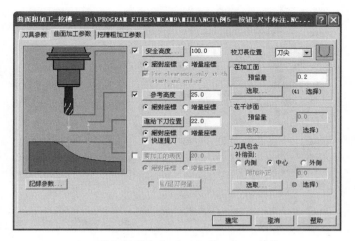

（a）旋钮挖槽粗加工——曲面加工参数

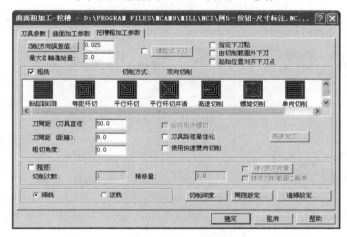

（b）旋钮挖槽粗加工——挖槽粗加工参数

图 8.16　旋钮挖槽粗加工参数设置

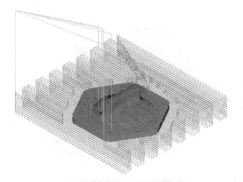

（a）挖槽粗加工刀具轨迹

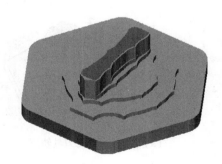

（b）挖槽粗加工实体验证

图 8.17　旋钮挖槽粗加工

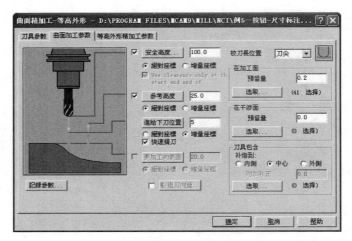

（a）曲面加工参数

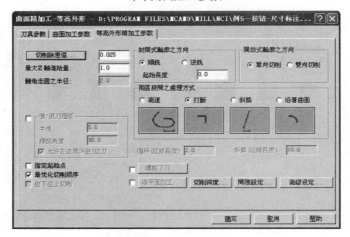

（b）等高外形精加工参数

图 8.18　旋钮等高外形半精加工参数

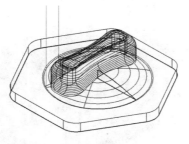

（a）等高外形加工刀具轨迹

（b）等高外形加工实体验证

图 8.19　旋钮等高外形半精加工

(6) 旋钮曲面平行精加工

从主菜单开始,依次选择"刀具路径"→"曲面加工"→"精加工"→"平行铣削",并选择实体主体作为要计算加工的曲面,即选择实体的所有表面作为加工面。在弹出的"曲面精加工-平行铣削"对话框中,选择 8 mm 的球刀,并设置相应刀具参数,进给量与转速应适当提高。设置如图 8.20 所示的旋钮曲面平行铣削精加工参数。

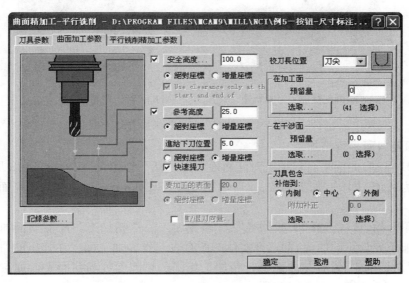

(a)曲面加工参数

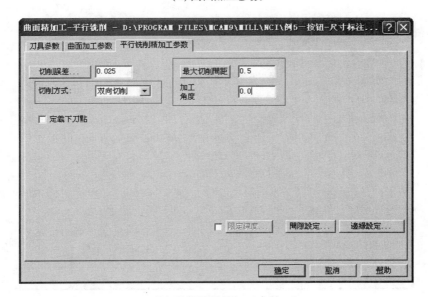

(b)平行铣削精加工参数

图 8.20　旋钮平行铣削精加工参数

参数设置完成后,单击"确定"按钮,系统进行刀路计算,其刀具轨迹和实体验证结果如图8.21 所示。

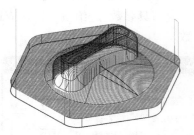 

(a)平行铣削精加工刀具轨迹　　　　　(b)平行铣削精加工实体验证

图 8.21　旋钮平行铣削精加工

(7)旋钮陡斜面平行精加工

由图 8.21 可知,曲面平行精加工对陡斜面加工效果不理想,旋钮柄前部(以及后部)侧面刀具轨迹较为稀疏,并没有加工到位,故需增加刀路。采用 8 mm 球刀对柄部侧面进行陡斜面平行精加工。

从主菜单开始,依次选择"刀具路径"→"曲面加工"→"精加工"→"陡斜面加工",选择实体主体作为加工要计算的曲面,即选择实体的所有表面作为加工面。在弹出的"曲面精加工-陡斜面加工"对话框中,设置与曲面平行精加工相同的切削参数与曲面平行加工参数。按照如图 8.22 所示设置陡斜面精加工参数。

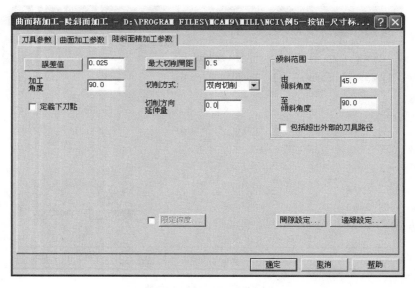

图 8.22　旋钮陡斜面精加工参数

参数设置完成后,单击"确定"按钮,选择旋钮外轮廓作为刀具干涉边界,则旋钮陡斜面精加工刀具轨迹如图 8.23 所示。

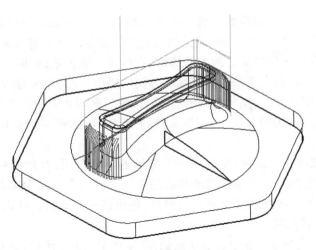

图 8.23　旋钮陡斜面精加工刀具轨迹

(8) 实体验证

从主菜单开始,依次选择"刀具路径"→"操作管理",在操作管理对话框中,选择所有加工工序后选择"后处理"按钮,则旋钮的加工结果如图 8.24 所示。

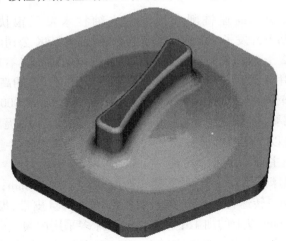

图 8.24　旋钮加工实体验证

8.4　数控加工技术的新进展

8.4.1　高速度、高精度和高可靠性

在高速、高效、高精度和高可靠性加工技术发展中,随着科学技术的进步,高精度、高速度的内涵也在不断地变化。由于采用了高速 CPU 芯片、RISC 芯片、多 CPU 控制系统以及带有高分辨率绝对式检测元件的交流数字伺服系统,同时采取了改善机床动态、静态特性等有效措施,目前正在向着精度和速度的极限发展,其中进给速度已达到每分钟几十米乃至数百米。

在加工精度方面,近年来,普通级数控机床的加工精度已由 10 μm 提高到 5 μm,精密级加工中心则从 3~5 μm,提高到 1~1.5 μm,并且超精密加工精度已开始进入纳米级(0.01 μm)。数控机床的可靠性一直是用户最关心的主要指标,它取决于数控系统和各伺服驱动单元的可靠性。为了提高可靠性,目前主要采取以下几个方面的措施:提高系统硬件质量,采用硬件结构模块化、标准化和通用化方式,增强故障自诊断、自恢复和保护功能。在可靠性方面,国外数控装置的 MTBF 值已达 6 000 h 以上,伺服系统的 MTBF 值达到 30 000 h 以上,表现出非常高的可靠性。

随着机床数控技术在超高速、超精密加工领域的不断应用,对数控机床的机构不断提出更高的要求。例如,要具有大的切削功率和高的静、动刚度;应该减少运动件的摩擦和消除传动间隙;要求有良好的抗振性和热稳定性。另外,还应该充分满足人性化要求。

(1)主轴组件及其发展

国外电主轴最早应用于内圆磨床,20 世纪 80 年代末、90 年代初,随着高速切削技术的发展与需要,逐渐将电主轴应用于加工中心、数控铣、数控钻等高档机床。世界上生产金属切削加工设备的多数机床制造商,基本上都采用电主轴数控产品。由于电主轴结构简单,传动、连接环节少,因此提高了机床的可靠性,技术成熟、性能完善的电主轴功能部件又使机床的性能得到进一步改善。

近年来,国际上大功率高速铣削和钻削电主轴技术发展很快。德国 GMN 公司在 Darmstadf 工业大学协助下开发了 HC 系列高速电主轴,日本 NSK 公司的 M 系列,意大利 G&F 公司 EFA、EMC 系列,瑞士 STEP-TEC 公司的 HVC 系列电主轴都具有功率大、刚度高及调速范围宽的特性,完全适用于高速、高效切削。瑞士 Mikron 公司开发的高性能加工中心,装备有 STEP-TEC 公司制造的转速为 20 000 r/min 的电主轴,并可选配 42 000 r/min 的电主轴。

随着实际应用的需要和机床技术的进步,对数控机床用电主轴提出了越来越高的要求,其发展趋势主要表现在以下几个方面:

1)向电机内装式电主轴单元方向发展

加工中心和数控机床采用皮带传动,转速一般能达到 6 000 r/min;采用直连式传动,转速一般能达到 8 000 r/min。转速再高会产生较大的振动噪声,且皮带、齿轮传动将造成机床结构复杂。因此,8 000 r/min 以上的加工中心和数控机床多采用内装式电主轴单元。内装式电主轴单元是将电机转子直接套装在精密主轴上,通过交流无级变频调速使主轴获得所需工作速度和扭矩。它具有调速比大,调速方法简单,传动平稳,结构简单,振动噪声小和使用维修方便等优点。虚拟(并联)机床、五面体加工中心等高档机床由于结构的原因必须采用内装式电主轴形式。继德国西门子公司和日本 NSK 公司先后开发了适用于数控机床的内装式电主轴单元后,德国的 GMN 公司、意大利的 GAMFIOR 公司也转向开发数控机床用内装式电主轴单元,电机内装式主轴单元成为当今国内外数控金属切削加工设备主轴系统技术发展的主要趋势之一。

2)向高速、大功率方向发展

随着刀具技术、高速进给技术的进步和发展,要求机床电主轴的转速越来越高,如意大利 GAMFIOR 公司的数控铣床用电主轴的最高转速可达到 75 000 r/min(磁悬浮轴承),功率 4 kW;德国 GMN 公司的数控铣床用电主轴的最高转速也达到了 60 000 r/min,功率 5 kW;瑞士 STEP-TEC 公司的数控铣床用电主轴的最高转速为 42 000 r/min,功率 13 kW。

3) 向低速、大扭矩方向发展

在要求电主轴能够实现较高转速的同时,低速段要求尽可能大的输出扭矩,以满足能在同一台机床上进行低速重切削和高速精加工的要求。如德国 GMN 公司、意大利 GAMFIOR 公司和瑞士 STEP-TEC 公司等制造商生产的加工中心用电主轴,其低速段的输出扭矩可达到 200 N·m 以上,最高工作转速达到 75 000 r/min。

4) 向高精度、高刚度方向发展

精密数控机床需要主轴有高的回转精度、高的刚度。因此,要求电主轴采用精度高、内径尽可能大、高速性能好的轴承和先进的润滑技术,如陶瓷球混合轴承、电磁轴承以及油气(oil+air)润滑方法等。

5) 向精确定向(准停)方向发展

加工中心等数控机床由于自动换刀、刚性攻丝及精确传动的需要,要求电主轴能够实现切向准停功能。例如,德国 INDRMAT 的主轴电机能够实现的准停精度为(1P400 000)r,即 0.000 1。

6) 向快速启、停方向发展

为了缩短辅助时间,提高效率,要求数控机床电主轴的启、停时间越短越好,因此需要很高的启、停加速度。目前,国外电主轴的加、减速度已达到 1 g 以上,全速启、停时间在 1 s 以下。

7) 向超高速方向发展

对于某些特殊零件的加工和特殊行业,要求切削工具的转速越高越好,如微型轴承的小孔磨削加工、油泵油嘴的小孔和超小孔的磨削加工、印制电路板(PCB)行业的小孔(0.2~6 mm)及超小孔(<0.2 mm 以下)的钻削加工等,所用电主轴的转速已经达到 150 000 r/min 以上。

8) 向系列化、标准化、规模化发展

电主轴结构简单、安装方便、可靠性高。电主轴的应用可简化机床结构,促进机床模块化生产,提高机床性能、降低机床制造成本和生产周期,适应机床市场多变性和多样化要求。因此,在普通机床的应用领域有广阔的前景。目前,电主轴在内圆磨床、高速钻铣、小型数控车床上都已初步形成系列化产品可供用户选用,并随着市场的开发和电主轴的不断发展,电主轴系列会不断完善,会有更多价格适宜的标准化产品供用户选择。

9) 向专业化、个性化发展

电主轴在标准化和系列化的同时,也应注重用户需求的多样性和差异性,满足不同情况、各种安装方式、各种使用条件的电主轴会不断涌现,电主轴的应用也已扩展到航空、轻工、纺织、试验、研究行业,适用于不同的用户需要。

(2) 高精度导轨

由于数控机床高速度、高精度和高的可靠性,对机床丝杠和导轨等传动部件也有十分高的要求。在数控机床中主要采用丝杠螺母副。有些大型数控机床和精密超精密机床进给机构中,也采用静压丝杠螺母副和静压蜗杆蜗条副。

目前,在数控机床上已经出现了塑料滑动导轨。工程塑料导轨可满足导轨低摩擦、耐磨、无爬行、高刚度的要求,同时又具有生产成本低,应用工艺简单以及经济效益显著等特点,目前,国内外应用较多的塑料导轨如下:

①以聚四氟乙烯为基体,添加不同的填充料所构成的高分子复合材料。聚四氟乙烯是现

有材料中摩擦因数最小的一种,在聚四氟乙烯中添加青铜粉、石墨、二硫化钼、铅粉等填充料增加耐磨性。这种材料具有良好的抗磨、减磨、吸振、消声的性能,适用工作温度范围广泛,动静摩擦系数很低且两者差别很小,防爬行性能好。

②以环氧树脂为基体,加入二硫化钼,胶体石墨等制成的抗磨涂层材料。这种材料附着力强,可用涂敷工艺或压注成型工艺涂到预先加工成锯齿形状的导轨上,涂层厚度为 1.5~2.5 mm。我国已生产环氧树脂材料(HNT),它与铸铁的导轨副摩擦因数为 0.1~0.12,在无润滑油的情况下仍有较好的润滑和防爬行效果,被普遍应用于大型和重型数控机床上。

目前,数控机床中已用滚动导轨技术。

8.4.2　轴联动加工和复合加工机床快速发展

采用五轴联动对三维曲面零件的加工,可用刀具最佳几何形状进行切削,不仅光洁度高,而且效率也大幅度提高。一般认为,1 台五轴联动机床的效率可等于两台三轴联动机床,特别是使用立方氮化硼等超硬材料铣刀进行高速铣削淬硬钢零件时,五轴联动加工可比三轴联动加工发挥更高的效益。但过去因五轴联动数控系统、主机结构复杂等原因,其价格要比三轴联动数控机床高出数倍,加之编程技术难度较大,制约了五轴联动机床的发展。

当前由于电主轴的出现,使得实现五轴联动加工的复合主轴头结构大为简化,其制造难度和成本大幅度降低,数控系统的价格差距缩小。因此促进了复合主轴头类型五轴联动机床和复合加工机床(含五面加工机床)的发展。在 EMO 2001 展会上,新日本工机的五面加工机床采用复合主轴头,可实现 4 个垂直平面的加工和任意角度的加工,使得五面加工和五轴加工可在同一台机床上实现,还可实现倾斜面和倒锥孔的加工。德国 DMG 公司展出的DMUVoution系列加工中心,可在一次装夹下五面加工和五轴联动加工,可由 CNC 系统控制或CAD/CAM 直接或间接控制。

区别于传统的三轴、四轴数控系统,五轴数控系统除了基本的五轴联动功能以外,还包括RTCP、坐标变换、空间刀补技术等重要功能。

(1)RTCP 功能

RTCP(Rotation Tool Centre Point)是指旋转刀具中心点,确切地说,它代表一种编程功能。一般来说,五轴加工与传统的三轴、四轴加工最大的不同点是五轴加工中,由于旋转轴和摆动轴运动的影响,会产生非线性运动误差,该误差会使插补严重偏离预定的加工轨迹,实际加工中,这是绝对不允许的。为了保证在插补过程中,刀具中心点始终位于编程轨迹上,可通过以下两种方法实现:

①通过编程方法。该方法主要依靠 CAM 软件,如 UG、CATIA 等,软件厂商一般可根据用户机床的结构形式,有偿提供对应的后置处理软件,先用 CAM 软件编制通用的前置程序,再用后置处理软件进行处理,生成最终使用的加工程序。该方法的缺点是任何对刀具长度的变更,都要用后置处理软件对前置程序重新处理,而在实际加工中,刀具的更换和磨损都必然会改变刀具长度,反复重写程序将使加工效率大大降低。

②通过数控系统的功能。即 RTCP 功能,配置具有该功能的数控系统的五轴机床,都要通过必要的检测手段获得旋转轴和摆动轴的中心,作为机械固定参数值,输入系统参数,这样使用通用五轴 CAM 软件编制加工程序,当不同刀长或刀具长度变更时,只需输入刀补值即可。目前,除了国外的 FANUC、西门子、FIDIA 等系统外,国产五轴系统如 DASEN-18 也具有

该项功能。通过 RTCP 功能,避免了因更换刀具或刀具磨损而重复编程,大大提高了机床的可操作性,提高了加工效率。

对于支持 RTCP 功能的数控系统来说,如何准确确定旋转轴和摆动轴中心,是能否保证加工精度的重要前提。目前,国外几种典型五轴系统,如西门子、FANUC、FIDIA 等,都是在机床出厂前,使用检测量具测得旋转轴和摆动轴中心与 X、Y 轴参考点的距离,同时测出摆动中心与主轴端面的距离(Z 轴第一参考点位置),然后将上述数据输入系统参数。在实际加工时,只需将刀具长度输入刀补参数,即可实现 RTCP 控制。

(2)坐标变换功能

在计算刀具轨迹时,采用的是工件坐标系(即工件不动,刀具相对于工件运动),而在实际加工中使用的是机床坐标系(即工件运动)。因此,在利用 CAM 软件生成刀具轨迹数据文件后,必须进行坐标变换(工件坐标系-机床坐标系)才能进行实际的加工。

在进行坐标变换之前,需要根据五轴联动机床的结构,建立加工机床模型。利用坐标变换原理,根据刀位文件(刀心坐标和刀轴矢量)推导出坐标变换公式,系统利用上述公式,进行内部运算处理,使得用通用 CAM 软件生成的数控加工程序可直接在系统上运行和加工。

(3)空间刀补技术

空间刀具补偿应用于通过使用旋转轴控制刀具方向的机床。该功能的基本原理是从旋转轴的位置计算出刀具矢量,然后在补偿平面中计算出补偿矢量,其中,补偿平面与刀具矢量正交。五轴联动机床一般可分为 3 类:刀具旋转类型、工作台旋转类型和混合旋转类型,它们的补偿原理类似。

8.4.3　智能化、开放性、网络化,成为未来数控系统和数控机床发展的主要趋势

智能化是 21 世纪制造技术发展的一个大方向,数控机床作为目前工业设备加工制造中重要的设备之一,正在不断向智能化迈进:为追求加工效率和加工质量方面的智能化,如加工过程的自适应控制,工艺参数自动生成;为提高驱动性能及使用连接方便的智能化,如前馈控制、电机参数的自适应运算、自动识别负载自动选定模型、自整定等;简化编程、简化操作方面的智能化,如智能化的自动编程、智能化的人机界面等;还有智能诊断、智能监控方面的内容、方便系统的诊断及维修等。

为解决传统的数控系统封闭性和数控应用软件的产业化生产存在的问题,目前许多国家对开放式数控系统进行研究,如美国的 NGC(The Next Generation Work-Station/Machine Control)、欧共体的 OSACA(Open System Architecture for Control with in Automation Systems)、日本的 OSEC(Open System Environment for Controller)、中国的 ONC(Open Numerical Control System)等。数控系统开放化已经成为数控系统的未来之路。所谓开放式数控系统,就是数控系统的开发可在统一的运行平台上,面向机床厂家和最终用户,通过改变、增加或剪裁结构对象(数控功能),形成系列化,并可方便地将用户的特殊应用和技术诀窍集成到控制系统中,快速实现不同品种、不同档次的开放式数控系统,形成具有鲜明个性的名牌产品。目前开放式数控系统的体系结构规范、通信规范、配置规范、运行平台、数控系统功能库以及数控系统功能软件开发工具等是当前研究的核心。

网络化数控装备是近年来国际著名机床博览会的一个新亮点。通过机床联网,可在任何一台机床上对其他机床进行编程、设定、操作、运行,不同机床的画面可同时显示在每一台机

床的屏幕上。数控装备的网络化将极大地满足生产线、制造系统、制造企业对信息集成的需求,也是实现新的制造模式如敏捷制造、虚拟企业、全球制造的基础单元。

8.4.4 模块化、柔性化、集成化方向的发展

(1)模块化

硬件模块化易于实现数控系统的集成化和标准化。根据不同的功能需求,将基本模块,如 CPU、存储器、位置伺服、PLC、输入输出接口、通信等模块,做成标准的系列化产品,通过积木方式进行功能裁剪和模块数量的增减,构成不同档次的数控系统。

(2)柔性化

柔性化包含两方面:数控系统本身的柔性,数控系统采用模块化设计,功能覆盖面大,可裁剪性强,便于满足不同用户的需求;群控制系统的柔性,同一群控系统能依据不同生产流程的要求,使物料流和信息流自动进行动态调整,从而最大限度地发挥群控制系统的效能。

(3)集成化

采用高度集成化 CPU、RISC 芯片和大规模可编程集成电路 FPGA、EPLD、CPLD 以及专用集成电路 ASIC 芯片,可提高数控系统的集成度和软硬件运行速度。应用 FPD 平板显示技术,可提高显示器性能。平板显示器具有科技含量高、质量轻、体积小、功耗低、便于携带等优点,可实现超大尺寸显示,成为与 CRT 抗衡的新兴显示技术,是 21 世纪显示技术的主流。应用先进封装和互连技术,将半导体和表面安装技术融为一体。通过提高集成电路密度、减少互连长度和数量来降低产品价格,改进性能,减小组件尺寸,提高系统的可靠性。

8.4.5 数控系统的开放式体系结构发展

开放式体系结构使数控系统有更好的通用性、柔性、适应性、可扩展性,并可较容易地实现智能化、网络化。许多国家纷纷研究开发这种系统,如美国科学制造中心(NCMS)与空军共同领导的"下一代工作站/机床控制器体系结构"NGC,欧共体的"自动化系统中开放式体系结构"OSACA,日本的 OSEC 计划等。开放式体系结构可大量采用通用微机技术,使编程、操作以及技术升级和更新变得更加简单快捷。开放式体系结构的新一代数控系统,其硬件、软件和总线规范都是对外开放的,数控系统制造商和用户可根据这些开放的资源进行系统集成,同时它也为用户根据实际需要灵活配置数控系统带来极大方便,促进了数控系统多档次、多品种的开发和广泛应用,开发生产周期大大缩短。同时,这种数控系统可随 CPU 升级而升级,而结构可以保持不变。

习　题

8.1　试分析几款典型的 CAD/CAM 软件。

8.2　试用 CAD/CAM 软件加工如图 8.25 所示的鼠标模型,其外形尺寸为 110 mm×56 mm×33 mm。具体相关尺寸如图 8.26 所示。

图 8.25　鼠标模型加工

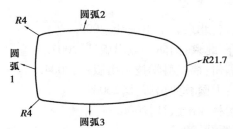

圆弧名称	圆弧1	圆弧2	圆弧3
圆弧半径	*R*135	*R*210	*R*210
圆心坐标	80.0	−15，−182	−15，182
角度范围	135°~225°	45°~135°	225°~315°

（a）鼠标俯视图外形尺寸

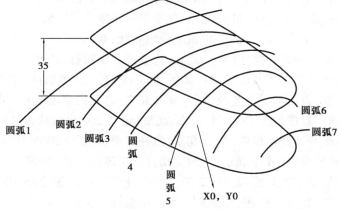

圆弧名称	圆弧1	圆弧2	圆弧3	圆弧4	圆弧5	圆弧6	圆弧7
侧视构图深度 Z/mm	−56	−30	−12	0	18	36	56
圆弧圆心	0,−184	0,−51	0,−48	0,−43	0,−15	0,−5	0,−15
圆弧半径	200	80	80	76	48	33	33
角度范围	70°~110°	50°~130°	50°~130°	50°~130°	35°~145°	30°~150°	60°~120°

（b）鼠标俯视图外形尺寸

图 8.26　鼠标模型尺寸

参考文献

[1] 张洪江,侯书林. 数控机床与编程[M]. 北京:北京大学出版社,2009.

[2] 王爱玲,等. 现代数控编程技术与应用[M]. 北京:国防工业出版社,2007.

[3] 严建红. 数控机床编程与加工技术[M]. 福州:福建科学技术出版社,2004.

[4] 杜国臣,王士军. 机床数控技术[M]. 北京:中国林业出版社,2006.

[5] 王彪,张兰. 数控加工技术[M]. 北京:中国林业出版社,2006.

[6] 夏凤芳. 数控机床[M]. 北京:高等教育出版社,2005.

[7] 何亚飞. 数控机床编程与操作[M]. 北京:中国林业出版社,2006.

[8] 蔡兰,王霄. 数控加工工艺学[M]. 北京:化学工业出版社,2005.

[9] 田春霞. 数控加工工艺[M]. 北京:机械工业出版社,2006.

[10] 刘蔡保. 数控车床编程与操作[M]. 北京:化学工业出版社,2009.

[11] 田萍. 数控机床加工工艺及设备[M]. 2版. 北京:电子工业出版社,2009.

[12] 赵长明,刘万菊. 数控加工工艺及设备[M]. 北京:高等教育出版社,2008.

[13] 贺曙新,张思弟. 数控加工工艺[M]. 2版. 北京:化学工业出版社,2011.

[14] 卢斌. 数控机床及其使用维修[M]. 北京:机械工业出版社,2005.

[15] 韩鸿鸾,等. 数控编程[M]. 北京:中国劳动社会保障出版社,2004.

[16] 晏初宏. 数控加工工艺与编程[M]. 2版. 北京:化学工业出版社,2010.

[17] 周宏甫. 数控技术[M]. 广州:华南理工大学出版社,2005.

[18] 周建强. 数控加工技术[M]. 北京:中国人民大学出版社,2010.

[19] 王爱玲,等. 现代数控机床技术系列[M]. 北京:国防工业出版社,2005.

[20] 蒋建强,等. 数控编程技术200例[M]. 北京:科学出版社,2004.

[21] 胡如夫,巫如海. Mastercam中文版教程[M]. 2版. 北京:人民邮电出版社,2008.

[22] 任玉田,等. 新编机床数控技术[M]. 北京:北京理工大学出版社,2005.

[23] 陈蔚芳,等. 机床数控技术及应用[M]. 北京:科学出版社,2005.

[24] 娄锐. 数控应用关键技术[M]. 北京:电子工业出版社,2005.

[25] 周晓宏. 数控铣床操作与编程培训教程[M]. 北京:中国劳动社会保障出版社,2004.

[26] 李佳. 数控机床及应用[M]. 北京:清华大学出版社,2001.

[27] 杨秀文. Mastercam中文版教程[M]. 2版. 北京:清华大学出版社, 2009.

［28］彭宽平,邹建华.MasterCAM 基础与应用［M］.武汉:华中科技大学出版社,2011.

［29］顾京.数控机床加工程序编制［M］.北京:机械工业出版社,2009.

［30］王吉林.现代数控加工技术基础实习教程［M］.北京:机械工业出版社,2009.

［31］朱维克,张延.Mastercam 应用教程［M］.北京:机械工业出版社,2009.

［32］施庆,周鸿斌.Mastercam X3 实用教程［M］.北京:清华大学出版社,2009.